SPSS를 활용한

그림으로 쉽게 배우는

통계분석

원제무 이수일

博 英 社

머 리 말

본 저자가 대학의 학부과정과 대학원과정에서 학생들을 가르치고 논문을 지도하면서 가장 역점을 두고 가르치는 것이 논리성과 체계성을 가지게 하는 것이었다. 학문의 특성상 많은 데이터를 이용하고 분석하는 과정을 거치게 되는데 여기에서 가장 중요하게 활용되는 학문이 바로 통계학이라 볼 수 있다. 우리는 통계학을 아주 어렸을 때부터 배워왔고 지금도 배우고 있지만 여전히 어렵게 느끼고 있다. 본 저자가 통계학을 강의할 때 학생들이 가장 먼저 느끼는 것은 통계학에 대한 막연한 어려움과 교재에 대한 거부감 등이었다. 따라서 통계학의 기초적인 개념과 활용방법을 좀더 쉽게 설명하여 듣는 이로 하여금 통계학이 재미있게 다가가면서 한번 해볼 만하다는 인식을 가지게 하는 것이 중요하다고 여겨졌다.

본 저자가 통계학자가 아님에도 불구하고 본서를 쓰게 된 계기는, 통계학의 가장 기초가 되는 부분을 통계학을 막 시작하거나, 기존의 통계학 책에 막연한 거부감을 가지고 있는 학생, 회사원, 공무원, 전문가 등의 입장에서 이해할 수 있도록 그림으로 쉽게 배울 수 있는 통계학 책을 내놓게 되었다.

모든 학문이 그러하겠지만 가장 중요한 것은 기본적인 개념을 먼저 이해하는 데 있고 그것을 쉽게 이해하기 위한 예를 잘 살펴보는 것이 좋은 학습과정이다. 본서는 앞 부분에 통계학의 기초적인 지식을 쌓을 수 있도록 척도부분과 자료처리 등을 상세히 설명하였다. 자료분석을 요하는 부분에서는 손으로 직접 풀이하는 부분과 통계패키지인 SPSS를 이용하여 분석한 결과를 함께 비교토록 하였다. 이는 전반적인 풀이과정을 서로 비교해 봄으로써 분석방법의 이해도를 높이고자 하는 의도이다.

아울러, SPSS의 활용도를 높이기 위해서 SPSS사용법과 결과에 대한 해석을 상세히 풀이하여 SPSS를 처음 접하는 독자들도 쉽게 이해하고 따라 할 수 있도록 하였다. 또한 각 장마다 통계를 공부하면서 궁금해 하는 사항들을 TIP과 열쇠항목으로 쉽게 설명하여 독자들의 궁금증을 조금이나마 해소시키고자 하였다. 본서를 읽는 독자들이 통계학을 좀더 쉽게 이해하는 데 도움이 되고 논리적 사고와 체계적인 분석에 초석이 되기를 기대해 본다.

본서는 저자가 오랫동안 강의해 온 통계분석 강의 노트를 바탕으로 해서 골격을 잡아 본 것이다. 벽돌을 한 장씩 쌓아 통계학이란 멋진 집을 짓고자 하였는데 큰 뼈대는 형성되었으나 아직 미진한 구석도 여기저기 보인다. 여러분들의 격려와 질타로서 보다 좋은 통계학이란 집이 완성될 수 있을 것으로 기대한다. 본서가 탄생하는 데 여러 분들의 도움이 많았다. 한양대학교 도시공학연구실의 모든 연구원들에게 감사하고 특히 박사과정에 있는 하오근, 이재명 선생과 석사과정에 있는 윤상훈, 장준용, 신해미, 이승교, 임지희 양에게 고마움을 전한다. 또한 서적을 낼 때마다 전문성과 신뢰성으로 조언을 해주신 마찬옥 부장과 박노일 차장께도 고마움을 표하고 싶고 마지막으로 박영사 안종만 회장의 끊임없는 보살핌에 감사드린다.

2007년 4월 행당산 기슭에서

저 자 씀

차 례 Contents

제 8 장 t-검정

제 9 장 χ^2-검정

제 10 장 분산분석

제 11 장 상관분석

제 12 장 회귀분석

부록 1 SPSS 설치방법 및 사용법

부록 2 분포표 보는 법

제 1 장

통계학이란?

Ⅰ 통계학의 개념

Ⅱ 기술통계학 VS 추리통계학

Ⅲ 모수통계학 VS 비모수통계학

Ⅳ 기본 용어

Ⅰ. 통계학의 개념

통계학의 기원

- 그리스 로마시대에 국가(state)의 상태(state)를 살피는 것에서 유래
- 주로 정치적 필요에 의해 연구
- 인구, 종교, 산업에 대한 정보 수립 형태로 시작

통계학의 개념

- 통계란 이론을 도출, 지지, 거부, 수정하기 위해 수집한 자료를 가지고 가설을 확률적으로 판정하는 수리적 논리

연구의 흐름도

이론(theory)

문제제기(problem)

가설설정(hypothesis)

조사·실험설계
(survey & experimental)

통계적 검정
(statistial test)

II. 기술통계학 VS 추리통계학

1. 기술통계학

1. 기술통계학(descriptive statistics)

- 자료수집, 자료정리, 자료해석의 과정을 통하여 관찰한 자료를 쉽고 편리하게 서술하여 모집단의 특성을 규명하려는 통계학

> 예제
> **경기도 성남시의 총인구는 90만이고 가구당 자동차 보유대수는 1.8대라는 등 자료의 속성만을 나타내는 통계**

2. 추리통계학

2. 추리통계학(statistical inferences)

- 표본에서 얻은 통계량을 기초로 그 자료가 추출된 모집단의 현상이나 특징을 추정, 예견, 일반화하는 통계학

> 예제
> **H대학교 대학생의 통계분석 능력을 알고자 할 때 H대학교를 대표하는 일정 학생수의 표본을 검사하여 H대학교 학생의 평균 성적을 추리하기 위하여 검증하는 통계**

- 기술통계학과 추리통계학의 구분

III. 모수통계학 VS 비모수통계학

1. 모수통계학과 비모수통계학의 정의

1. 모수통계학과 비모수통계학의 정의

모수 통계학 (parametic statistic)

- 모집단의 분포에 대한 가정 필요
- 대체로 수량적 자료 중에서도 연속적 자료가 사용됨
- 대부분 모집단의 분포를 정규분포로 가정

비모수 통계학 (non-parametic statistic)

- 모집단의 분포에 대한 가정을 필요로 하지 않음
- 분포무관 통계학(distribution free statistic)이라고도 함
- 질적자료나 수량적 자료 중에서 빈도수와 같은 비연속적 자료를 이용

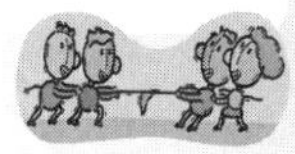

Ⅳ. 기본 용어

1. 모집단과 표본

1. 모집단과 표본

모집단 (population)	연구자의 관심대상이 되는 모든 개체의 집합

샘 플 (sample)	모집단을 대표하는 추출된 대상의 군집

예 제

· **단순랜덤샘플링, 층화샘플링**

2. 모수치와 통계량의 정의

2. 모수치와 통계량의 정의

모수치 (parameter)	통계량 (statistic)
▪ 모집단이 지니고 있는 속성을 의미하며, 신만이 안다고 하여 그리스 문자로 표기	▪ 모집단의 모수치를 추정하기 위해 모집단에서 추출된 표본의 속성을 말하며 로마문자로 표기

예 제

· **모수치**	· **통계량**
– **모평균(μ)**	– **표본평균($\overline{X}$)**
– **모표준편차(σ)**	– **표본표준편차(S)**

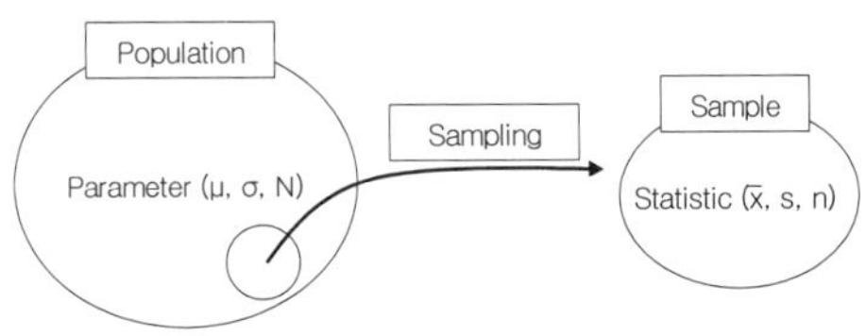

제 2 장

자료의 수집방법

Ⅰ 변 수

Ⅱ 측 정

Ⅲ 척도의 형태

Ⅳ 척도법

Ⅰ. 변 수

1. 변수란 무엇인가

1. 변수란 무엇인가

변 수 (Variable)	변하는 모든 수를 말함. 하나의 개념에 값을 부여한 것으로서 그것이 대표하고 있는 특성이 갖는 값이나 강도 또는 크기의 차이를 나타낼 수 있어야 함

Tip

상수(Constant)는 변수와 상반되는 개념으로 변하지 않는 고정된 수를 말하며 일반적으로 C로 표시함

2. 변수의 종류

2. 변수의 종류

독립변수 *independent variable*

관찰하고자 하는 현상의 원인이라고 가정한 변수, 다른 변수에 영향을 주는 변수

종속변수 *dependent variable*

영향을 받는 변수, 독립변수의 영향을 받아 변화되리라고 가정한 변수

외생변수 *Extraneous variable*

종속변수에 영향을 주는 독립변수 이외의 변수로서 연구에서 통제되어야 할 변수

Tip

통제변수는 연구자가 분석하고자 하는 지역이 됨

예 제

· **인구를 추정하기 위해 아래와 같은 식이 도출되는 것이 일반적이다.**

$$Pt = a + bt$$

Pt (t시점의 지역인구) → 종속변수

t (시간) → 독립변수

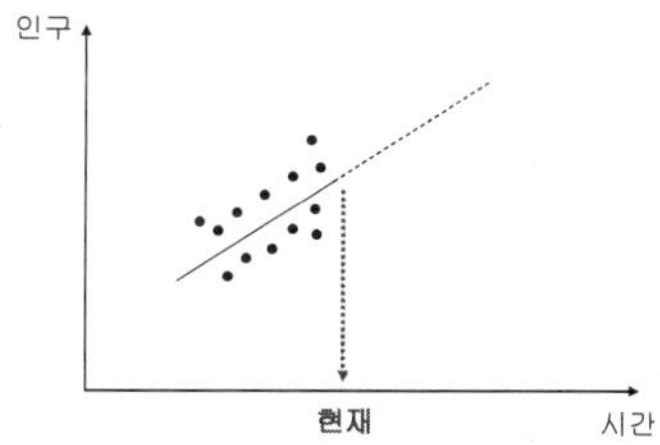

3. 질적변수와 양적변수

3. 질적변수와 양적변수

질적변수 (qualitative variable)

- 분류를 위하여 용어로 정의되는 변수
- 개개의 단위가 어떤 성질을 갖는지를 개별적으로 식별하여 계수에 의해 관찰할 수 있는 변수

양적변수 (quantitative variable)

- 양의 크기를 나타내기 위하여 수량으로 표시되는 변수
- 각 단위가 갖는 특정한 양적 성질을 측정하여 계량에 의해 관찰할 수 있는 변수

질적변수	– 비서열 질적 변수 : unordered–qualitative variable – 서열 질적 변수 : ordered–ualitative variable

Tip

비수치적인 범주의 형태로 측정되기 때문에 범주형 자료 (categorical data)라고도 함

양적변수	– 연속변수(키,체중,나이) : continuous variable – 서열 질적 변수(학력, 종업원의 능력) : discrete variable

II. 측 정

1. 측정이란

측정 (measurement)	• 측정은 이론을 구성하고 있는 개념들을 현실세계에서 관찰이 가능한 자료와 연결시켜 주는 과정 • 측정의 최종결과는 숫자의 형태를 띠게 되므로 측정하려는 대상의 속성에 일정규칙으로 수치를 부여하는것

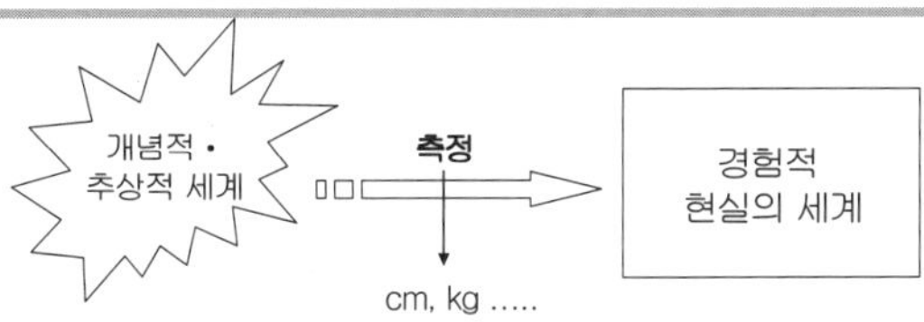

예 제

· **우수한 신입사원을 뽑기 위해 입사시험으로 측정하고, 좋은 수박을 고르기 위해서는 손으로 두드려서 소리로 측정함**

2. 개념적 정의와 조작적 정의

개념적 정의 (conceptual definition))	측정대상이 갖는 속성에 대한 개념적 · 추상적 표현
조작적 정의 (operation definition))	측정대상이 갖는 속성에 대한 경험적 · 구체적 표현

Tip

조작적 정의는 개념적 정의를 관찰 가능한 형태로 표현해 놓은 것

예 제

· **도로의 안전성이라는 개념을 측정하기 위한 조작적 정의는 어떤 것이 있겠는가?**

⇒ **사고건수, 곡선반경, 중차량의 비율, 교통량, 교차로 수**

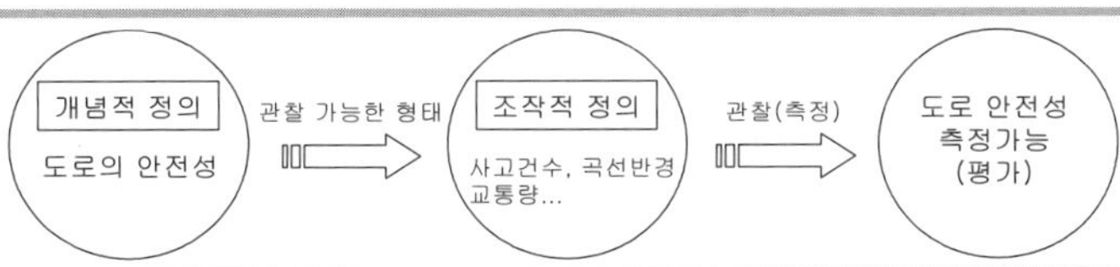

1. 측정이란

2. 개념적 정의와 조작적 정의

III. 척도의 형태

1. 척도란

1. 척도란

척 도 (scale)	측정대상의 속성에 일정한 숫자를 부여하는 과정이라고 정의하였는데, 이 때 부여된 숫자들 사이의 관계에 어떠한 의미를 부여해 주느냐에 따라 척도의 형태를 구분함

Tip

척도형태가 갖는 중요성은 척도의 형태에 따라 측정으로부터 얻어진 자료의 조작과 분석상의 제한이 더해짐을 명심

가. 명목척도

명목척도 (nomal scale)	측정대상의 특성을 분류하거나 확인할 목적으로 숫자를 부여하는 경우

예 제

· **남자 : 0 여자 : 1 ,　환승있음 : 1, 환승없음 : 0**

· **측정대상을 상호배타적인 집단으로 구분하는데 이용**
· **동일집단에 동일한 척도값 가짐**
· **네 가지 척도 형태 중 가장 적은 정보량을 제공**
· **이용분석방법 : 교차분석, 부호비율계산**

나. 서열척도

서열척도 (ordinal scale)	측정대상간의 순서관계를 밝혀주는 척도로서, 측정대상을 특정한 속성으로 판단하여 측정 대상 간에 순위를 부여해 주는 척도

예 제

· **A,B,C 기업의 선호도를 1,2,3위로 나타내면 A-1, B-3, C-2의 서열척도로 나타낼 수 있음**

- 척도단위 사이의 등간성이 존재하지 않음
- 사람이 정량화하기 어려운 것(선호도, 사회계층 등)을 측정하는 척도
- 이용분석방법 : 중앙값, 서열상관관계

Tip

등간성이 존재하지 않는다는 것은 순위 1위와 2위와의 차이랑 2위와 3위와의 차이가 항상 똑같지 않다는 뜻

다. 등간척도

등간척도 (interval scale)	서열척도처럼 측정대상간에 순위를 부여하되, 순위 사이 간격이 동일한 척도

예 제

- 온도, 성적

- 등간성 즉, 같은 간격에 같은 단위를 부여함
- 임의 영점과 임의 단위를 가짐
- 덧셈법칙은 성립하나 곱셈법칙은 성립하지 않음

Tip

- 임의 영점은 무(無)를 의미하는 것이 아니라 어떤 수준을 0이라 합의한 것임
- 온도가 같은 섭씨와 화씨로 임의 영점기준이 다른 것이 대표적인 예

라. 비율척도

비율척도 (ratio scale)	등간척도가 갖는 특성에 추가적으로 측정값 사이의 비율 계산이 가능한 척도

예 제

· **무게, 길이**

· **등간성 즉, 같은 간격에 같은 단위를 부여함**
· **절대 영점과 임의 단위를 가짐**
· **덧셈법칙, 곱셈법칙은 모두 성립**

Tip

절대척도란 절대영점과 절대단위를 가짐. 예로 사람수, 자동차 대수 등으로 한 명, 한 대로 셀 수 있는 단위도 가짐

마. 척도별 자료분석 방법

척 도	비교속성	평균의 측정	적용가능 분석방법
명목척도	확인, 분류	최빈값	빈도분석 교차분석 비모수통계
서열척도	순위비교	중앙값	서열상관관계 비모수통계
등간척도	간격비교	산술평균	모수통계
비율척도	절대간격비교	기하평균 조화평균	모수통계

IV. 척도법

1. 척도법이란

척도법	자료를 측정하는 방법으로 척도법을 구분할 수 있는데 도시 및 교통분야의 설문 분석 시 많이 사용하는 단일 항목 척도법에 대해 설명함

척도법의 분류

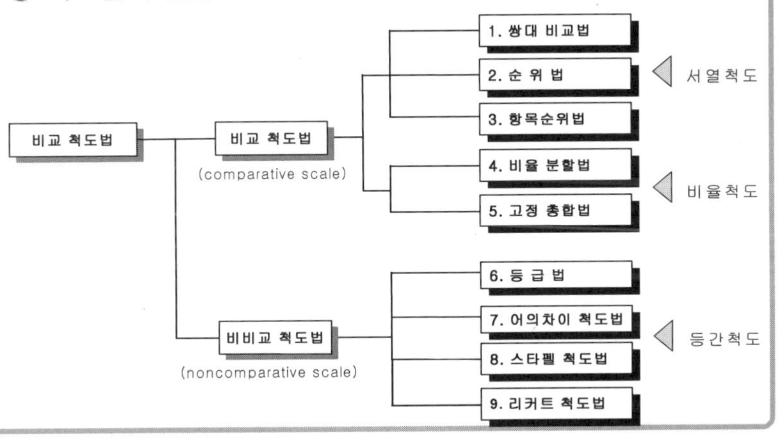

가. 쌍대비교법

쌍대비교법 (paired comparison)	두 개의 자극을 한 쌍으로 만들어 그 두 개의 자극 중에서 어느 한쪽이 다른 것보다 우위에 있다는 것을 비교

예제

· 자동차 메이커 회사가 H사, S사, D사의 3회사가 있을 때 소비자의 선호를 두 개씩 쌍대비교하여 측정하면 다음과 같음 (단, 선택은 1, 아니면 0)

풀이

	H	S	D
H	–	1	1
S	0	–	1
D	0	0	–

H > S > D

Tip

Circular traid가 발생하는 모순성을 가짐. 즉 H 〉 S, S 〉 D 인데 D 〉 H 인 결과를 가질 경우가 자주 발생

나. 순위법

순위법 (ranking)	여러 개의 자극들이 가지고 있는 속성의 정도에 따라 측정 대상의 순위를 정하는 방법

예 제

· 자동차 메이커 3사인 H사, S사, D사의 선호도를 직접 순위로 나타내게 하는 것임

H 사 (1)
S 사 (2)
D 사 (3)

Tip

일반적으로 5개 이상이 되면 비교상에 어려움이 있는 것으로 알려져 있음

다. 항목순위법

항목순위법 (ordered category sorting)	여러 개의 자극들이 특정속성을 가지고 있는 정도에 따라 순서대로 몇 개의 집단으로 나누는 것

예 제

· 30권의 책이 있다. 이것을 ①재미있음 ②보통 ③재미없음의 3개의 항목으로 집단을 분류하는 것이다.

① 재미있음(1, 2, 5, 7, 30)
② 보 통(3, 4, 6, 9, 11)
③ 재미없음(나머지)

Tip

일반적으로 15개 이상이고, 순위를 매길 정도로 자극들에 대해 알고 있지 못할 때

라. 비율분할법

비율분할법 (fractionation)	응답자에게 기준이 되는 자극과 조사하고자 하는 두 개의 자극을 주어 그들간의 비율을 숫자로 표시하게 하는 방법

예 제

· 만약에 사람들이 느끼는 교통수단간의 안전성을 측정하고자 할 때, 승용차가 1이라면 지하철은 몇 정도 되겠는가의 물음에서 3이라 대답하였다. 이것은 지하철이 승용차에 비해 3배 정도 안전하다고 느끼고 있다고 볼 수 있음

마. 고정종합척도법

고정종합척도법 (constant sum method)	응답자에게 일정한 수를 주고 이를 평가 대상에 할당하도록 하는 방법

예 제

· 아래의 아파트 특성에 대해 구매시 중요도를 100점 기준으로 할당하시오.

브랜드 ( )
평　수 ( )
가　격 ( )
위　치 ( )
계　100

바. 등급법

등급법 (rating method)	가장 일반적으로 사용하는 척도법으로 각 항목간의 차이가 동일하다고 보고 등간척도로 간주하는 경우가 많음

예 제

· 보행 동선의 안정성에 대해 어떻게 생각하십니까?

사. 어의차이 척도법

어의차이 척도법 (semantic differential Scale)	자료수집시 다변량 분석에 용이하도록 사용되고 일반적인 형태는 척도의 양극점에 서로 상반되는 형용사나 표현을 사용

예 제

· A, B 두 개의 공원이 있을 때 아래 척도에 표시하십시오.

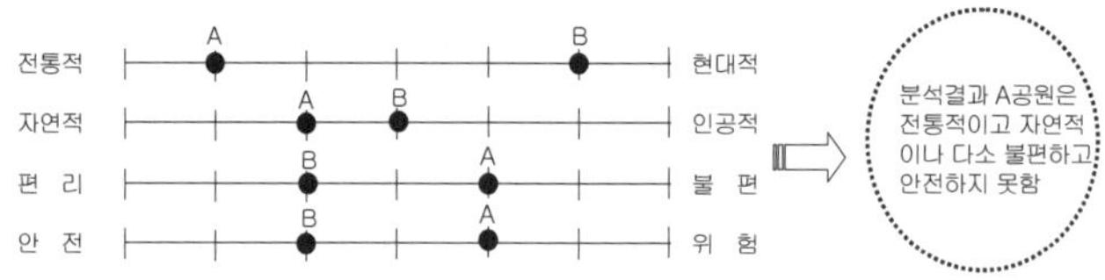

아. 스타펠 척도법

스타펠 척도법 (stapel scale)	어의차이 척도법을 간단하게 변형한 방법으로 양극단의 수식어 대신에 하나의 수식어만을 평가기준으로 제공하여 측정하는 방법

예 제

· A공원은 어떤 이미지를 가지는지 표시하시오.

−5	−4	−3	−2	−1	전통적	1	2	3	4	5

자. 리커트 척도법

리커트 척도법 (Likert type Scale)	어의차이 척도법을 확장시킨 것으로 특정한 자극에 대해 그 속성을 얼마나 선호하는지를 측정

예 제

· A아파트에 대하여 적당한 항목에 표시하시오.

항 목	나쁨		보통		좋음
1. 보행동선이 안전하다.	1	2	3	4	5
2. 휴게시설이 잘 되어 있다.	1	2	3	4	5
3. 녹지시설이 잘 되어 있다.	1	2	3	4	5
4. 조명시설이 잘 되어 있다.	1	2	3	4	5

제 3 장

설문지작성법

Ⅰ. 설문지의 구성

1. 설문지의 구성항목

1. 설문지의 구성항목

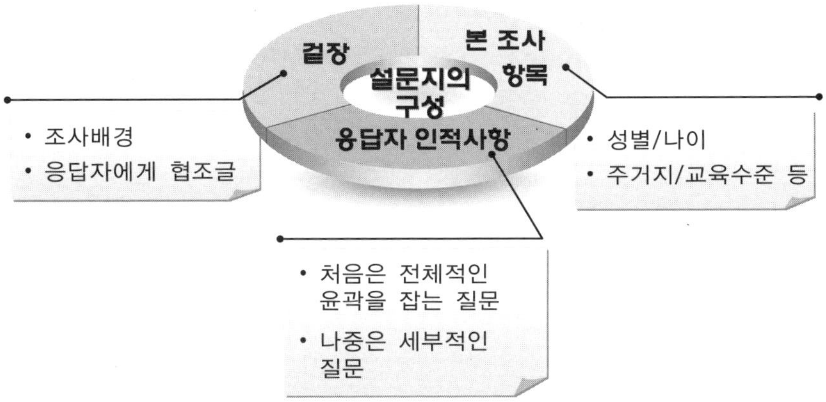

인적사항 조사 이유는 인구 범주에 따른 자료 분할, 그리고 조사된 표본이 모집단을 잘 반영하는지를 검토, 일반적으로 마지막 장에 두는 것이 좋음

2. 설문지 작성의 절차

2. 설문지 작성의 절차

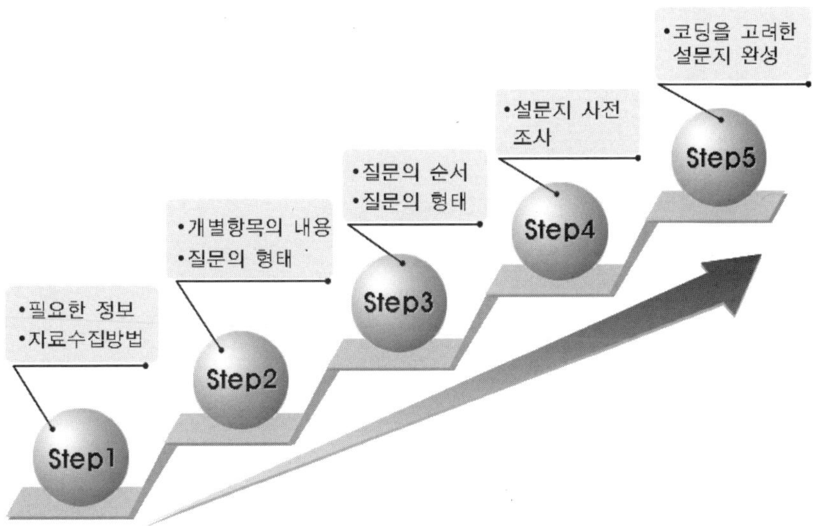

Ⅱ. 설문지 양식

1. 설문목적 및 문의

2. 인적사항

1. 설문목적 및 문의

- 설문을 실시하는 목적이나 자료의 사용처 등을 명시하고 설문작성시 문의사항에 대한 처리방안 및 설문을 실시하는 기관을 밝힘

> **자전거 교통의식 설문조사**
>
> 건설교통부와 대한국토·도시계획학회에서는 자동차 교통량의 증가에 따른 도시교통난의 심화 및 국제유가 앙등에 따른 에너지 절약 및 국민건강 증진 차원의 일환으로 녹색교통인 자전거의 이용활성화 방안을 모색하고자 이용실태 조사를 시행하게 되었습니다. 이 설문지는 자전거 도로건설 및 시설개선에 귀중한 자료로 사용되며, 결코 다른 용도에는 사용되지 않음을 밝힙니다. 시민 여러분의 적극적인 참여 부탁 드립니다. 귀댁의 건강과 안녕을 기원 드립니다.
>
> 2006년 1월
> 건설교통부/대한국토·도시계획학회
>
> ※ 설문작성시 문의사항은 아래로 연락주시면 상세히 설명드리겠습니다.
> - TEL : 02-****-****

2. 인적사항

- 설문작성자의 기본적인 인적사항을 작성하는 부분으로 성별이나, 연령, 직업, 거주지, 소득 등이 이에 해당

> 성 별 : (남 , 여)
>
> 연 령 : ____________ 세
>
> 직 업 : (학생 , 직장인 , 주부 , 기타)
>
> 거주지 : ____________ 시 ____________ 동

3. 본 조사 항목

실제 얻고자 하는 Data에 대한 설문내용이 포함되는 부분

3. 본 조사 항목

1. 귀하는 주로 어떤 용도로 자전거를 이용하고 계십니까?

등·하교용( ) 출·퇴근용( ) 쇼핑용( ) 레저, 스포츠용( ) 기 타( )

2. 자전거 이용 시 다음의 어느 행태로 이용하십니까?

목적지로 가기위한 대중교통을 갈아타기 위해( ) 목적지(학교,직장,쇼핑,레저시설 등)까지 자전거로만 이용( )
기타( )

3. 자전거를 이용하는 횟수는 어떻게 됩니까?

일주일에 1~2회( ) 일주일에 3~4회( ) 일주일에 5회 이상( ) 기타( )

4. 자전거를 이용하는 이유는 무엇입니까?

요금 지불 부담이 없어서( )
기다리는 불편함이 없어서( )
자가용 이용 시 주차할 곳이 없어서( )
목적지 바로 앞까지 갈 수 있어서( )
기타( )
대중교통으로 갈아타기 편리해서( )
건강상으로(운동 삼아서)( )
승용차이용 자제로 환경적 측면을 고려해서( )
시간적으로 가장 빨라서( )

5. 자전거 이용 시 느끼는 문제점은 무엇입니까? (2개 선택)

교차로나 도로를 건널 때 불편하다.( )
차량이나 보행자와의 충돌위험이 많다.( )
도로상태가 불량하여 다칠 염려가 많다.( )
경사진 도로 때문에 타기가 어렵다.( )
기타( )
각종 장애물(전신주, 노점상 등)로 인해 주행하기 불편하다.( )
이용도중에 휴식시설이 없거나 부족하다.( )
자전거 보관 장소 및 시설이 부족하거나 이용이 불편하다.( )
자전거 이용안내 표지판이 없거나 보기가 어렵다.( )

6. 차도 이용 시 문제점은 무엇입니까?

차량과 충돌위험( )
배기가스와 소음( )
보도와 차도의 경계석 처리불량( )
기타( )
교차로에서 횡단 시 충돌위험( )
주차차량에 의한 진행방해( )
자전거끼리의 충돌위험( )

7. 보도 이용시 문제점은 무엇입니까?

보도의 포장상태 불량( )
보도와 차도의 경계석 처리불량( )
자전거끼리의 충돌위험( )
보행자와의 충돌위험( )
보도상의 상품진열 및 간판, 가로수 등에 따른 소통장애( )
기타( )

8. 최근 1년간 자전거를 이용하다 다친적이 있으면 어떤 경우 입니까?

보도위에서 가로수, 상점 등과 부딪혔다.( )
교차로에서 보행자와 부딪혔다.( )
교차로에서 차량과 부딪혔다.( )
차도에서 맨홀뚜껑과 충돌했다.( )
기타( )
보도위에서 보행자와 부딪혔다.( )
보도위에서 자전거나 인라인스케이트와 부딪혔다.( )
차도에서 주차차량과 충돌했다.( )
차도에서 차량과 충돌했다.( )

9. 자전거 이용 시 주차장소는 어디 입니까?

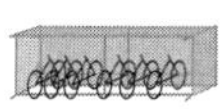

길가에 방치( )
자전거 보관대( )
기타( )
철책이나 나무에 매어둠( )
목적지 장소내 보관( )

III. 표본추출

1. 표본의 크기

1. 표본의 크기

표본의 크기	•인적/물적 자원이 얼마만큼 있는가? •조사의 정확성을 어느 수준에 두는가에 달림

수식1

$$s.e.(T;n) \le d$$

크기 n인 표본에서 생산되는 통계량 T의 표준오차의 2배는 참값에서 ±d이내에 있음	통계량T → 정규분포를 따름 95% 신뢰수준 $s.e.(T;n) \le 0.5/\sqrt{n}$

ex

· 신뢰수준을 95%로 하고 오차범위를 ±4%로 둔다면 조사해야 할 표본의 수는?

sol

$$2(0.5)/\sqrt{n} \le 0.04$$
$$n \ge (1/0.04)^2$$
$$n \ge 625$$

수식2

$$N = \left(\frac{KS}{E}\right)^2$$

N : 필요한 표본 수
K : 통계신뢰도 계수
(신뢰도 95%일 때 K=2)
S : 속도표준편차
E : 허용오차

ex

고속도로 제한속도를 다시 결정하고자 한다. 속도의 표준편차가 10km/h, 허용오차를 2km/h로 할 때 표본의 수는?

sol

K=2, S=10, E=2 이므로 $N = \left(\frac{2 \times 10}{2}\right)^2 = 100$

따라서, 필요한 표본의 수는 100이다.

2. 표본추출 방법

표본추출방법 3가지

무작위 추출법 (Sample random sampling)	층화 추출법 (Stratified sampling)	군집 추출법 (Cluster sampling)
N개의 모집단으로부터 동일한 n개를 무작위로 선택하는 방법	한 모집단을 동질적인 소집단으로 층화시키고, 그 집단의 크기에 따라 무작위로 표본을 선택하는 방법	한 모집단을 동질적인 소집단으로 나누고, 그 중 하나의 소집단을 선택하거나 선택된 소집단의 일부만을 선택하는 방법

· 같은 수의 표본을 사용할 경우 대표성이 높은 순서
군집추출법<무작위 추출법<층화추출법

ex

대통령 선거에서 A후보와 B후보의 지지도를 알아보고자 한다. 전국을 대상으로 100명의 유권자를 선택하여 표본을 추출할 때 위의 3가지 방법을 사용하면 다음과 같다.

-무작위 추출법 : 전화번호 등으로 무작위 100명을 선택
-층화 추출법 : 8개 도에서 8개 도의 인구비율에 맞게 100명을 선택
-군집 추출법 : 8개 도에서 하나의 도를 선택하여 그 중 100명 선택

2. 표본추출 방법

IV. 자료의 입력

1. 자료의 입력이란

1. 자료의 입력이란

자료의 입력 (coding)	수집된 응답 자료를 컴퓨터에 입력하기 위하여 숫자로 표현하는 것

· **분석방법을 고려하지 않고 코딩을 할 경우 어려움이 봉착하니 설문지-코딩-분석이 연계성을 갖도록 설문지가 개발되어야 함.**

2. 코딩설계

2. 코딩설계

◎ 연속형, 순서형, 명목형으로 구분

수리	설문	응답	분석수준
연속형	당신의 나이는?	-세	연속형 수치는 평균, 표준편차 계산 가능
순서형	당신은 대학생활에 얼마나 만족하십니까?	1. 매우 만족 2. 약간 만족 3. 약간 불만족 4. 매우 불만족	등간척도로써 모수 통계분석 가능
명목형	당신의 전공은 무엇입니까?	1. 교통공학 2. 도시 개발 경영 3. 도시 건축 설계 4. 환경 및 조경	명목척도로써 빈도분석 정도 가능

3. 코딩방법

3. 코딩방법

제목	내용
ID 부여	코딩의 첫부분에서는 개인별로 ID를 기입 응답자의 수에 따라 Column수 결정
단일응답과 복수응답	만약 다음 스키리조트 중 이용해본 경험이 있는 곳을 선택하여 주십시오. 1. 용평리조트( ) 2. 성우리조트( ) 3. 휘닉스 파크( ) 4. 대명비발디( ) 5. 지산리조트( ) 6. 베어스 타운( ) ① 단일응답일 경우 : 한 개의 Column에서 1~6중 한번호 코딩 ② 복수응답일 경우 : 6개의 Column에 각각 이용했으면 1, 아니면 0을 코딩
개방형 질문	응답자의 응답을 개략적으로 몇 가지 범주로 나누어서 코딩
결측값	응답대안과 구분되는 값을 부여함 한자리인 경우 9, 두 자리인 경우 99를 코딩
긍정/부정형 질문	설문 내용 중 긍정적 질문과 부정적 질문이 혼용으로 사용된 경우 하나로 통일하여 코딩

4. 코딩의 예

ex

100명의 운전자를 대상으로 교통정보 이용에 대한 간단한 설문을 실시하였다.

설문지

1. 차량용 네비게이션 장치를 가지고 계십니까?
   있다 ( ) 없다 ( )

2. 다음 중에서 교통정보를 얻는 매체를 모두 선택하여 주세요.
   라디오( ) TV( ) 전광판( )
   인터넷( ) 핸드폰( )

3. 귀하는 교통정보를 얼마나 신뢰하십니까?
   매우 불만족 — 불만족 — 보통 — 만족 — 매우만족

4. 귀하의 성별은?
   남 ( ) 여 ( )

코딩지침

질문 번호	Column	변수	코딩방법
–	1	ID(V1)	1에서 100까지
1	2	유무(V2)	1: 있다 0: 없다
2	3~7	유무(V3)	1: 있다 0: 없다
3	8	만족도(V4)	1:매우불만족 2:불만족 3:보통 4:만족 5:매우만족
4	9	성별(V5)	0: 남 1: 여

코딩결과

◎ **Excel에 숫자로 입력함. 한 사람의 설문지 결과를 가로 한 줄로 입력하면 됨**

ID	1번질문	2번질문					3번질문	4번질문
1	2	3	4	5	6	7	8	9
1	1	0	0	0	1	1	3	1
2	0	0	1	1	0	0	4	0
·	·	·	·	·	·	·	·	·
·	·	·	·	·	·	·	·	·
·	·	·	·	·	·	·	·	·
100	1	1	0	1	0	1	2	1

2번째 응답자는 차량네비게이션은 가지고 있지 않고, 교통정보를 이용하는 매체는 TV와 전광판을 이용하고, 정보신뢰도는 만족하며 성별은 여자인 것으로 응답한 것임

4. 코딩의 예

제 4 장

자료의 처리

Ⅰ. 통계자료

1. 통계자료란

1. 통계자료란

통계자료란	통계분석을 하기 위한 의미 있는 관계를 나타내는 일련의 수치, 즉 수량적 정보를 말함

2. 횡단면자료 vs 시계열자료

2. 횡단면자료 vs 시계열자료

횡단면 자료 (Cross section data)

– 같은 종류의 많은 개체에 관한 일정시점의 통계자료에 의거하여 변수간의 관계를 분석하는 것

시계열 자료 (Times series data)

– 하나의 개체 또는 일정범위의 개체를 집계한 것을 대상으로 그것을 다른 시점에서 관측한 자료에 의해 분석하는 것

예 제

횡단면 자료

· **2004년도 후반의 유가폭등이 있던 시점의 자료들**
- **주식시장의 주가**
- **우리나라의 수출액**
- **서울시 하루 자동차 통행량**

시계열 자료

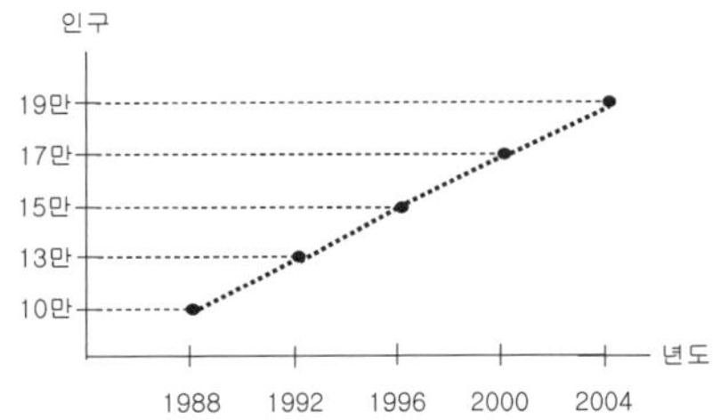

Tip

횡단면 자료는 동일 시점에서 수집한 자료로 변수간의 수량적 분석에 시계열 자료는 일정한 기간을 두고 수집한 자료를 미래 예측 등에 사용

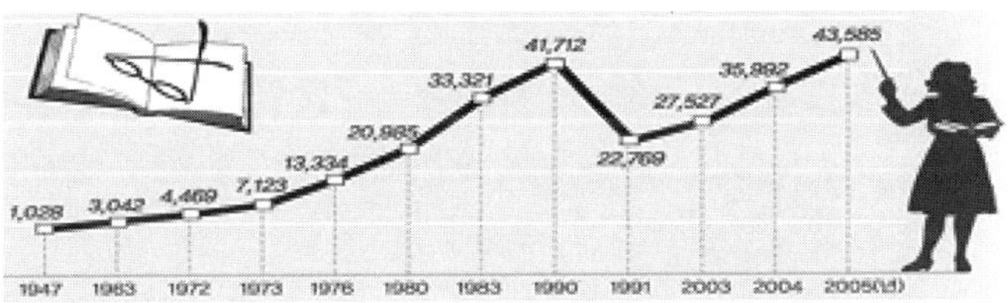

II. 중심경향도의 측정

중심 경향도의 측정치 (Measures of central tendency)	자료가 어디에 집중되어 있는가를 나타내는 정도

- **모집단**은 그리스문자
- **표본집단**은 로마문자

중심경향도

산술평균(mean; μ($\overline{X}$)

· 모집단 평균 $\mu = \frac{1}{N}\sum_{i=1}^{N} Xi$

· 표본 평균 $\overline{X} = \frac{1}{n}\sum_{i=1}^{n} Xi$

중위수(median:Md)

· 크기순 배열에 중간에 위치한 관측치

Md = $\frac{(n+1)}{2}$

예) 60,64,65,69,70,74의 중위수?

Md = $\frac{65+69}{2}$ = 67

최빈치(mode:Mo)

· 가장 빈도수가 높은 수치

예) 60,60,60,65,67의 최빈치는?

Mo = 60

기하평균(geometric mean) 조화평균(harmonic mean)

· 기하평균(G) = $n\sqrt{X_1 \bullet X_2 \bullet\bullet\bullet X_n}$

· 조화평균(H) = $\frac{n}{\sum_{i=1}^{n}\frac{1}{Xi}}$

⇒ 두 평균은 극단치의 영향을 최소화하기 위함

중심경향도에서 평균을 가장 많이 사용하는 이유는 모든 자료를 다 이용하기 때문임

ex

· 30, 50, 70, 50km/h의 4대의 속도를 조사하였다. 시간평균속도와 공간평균속도를 구하여라.

sol

· 시간평균속도 ⇒ 산술평균 이용 : $\frac{30+50+70+50}{4} = 50km/h$

· 공간평균속도

⇒조화평균이용 : $\frac{4}{\frac{1}{30}+\frac{1}{50}+\frac{1}{70}+\frac{1}{50}} = 45.65km/h$

Tip

위의 예제에서 알 수 있듯이 조화평균을 이용하는 공간평균속도가 극단치의 영향을 적게 받기 때문에 시간평균속도보다 작게 나타남. 일반적으로 평균들의 크 기 순서는 조화평균(H)≤기하평균(G)≤산술평균($\overline{X}$)

Ⅲ. 산포도의 측정

산포도의 측정치 (Measures of dispersion)	자료에 포함된 수치들의 크고 작음. 즉 수치들의 변동정도를 말함

내사분위범위 (inter quartile range)

분포의 중앙50% 범위

범위(range)

자료 중 가장 큰 값과 가장 작은값의 차이

내백분위 범위 (interpercentile range)

관측치의 P%가 X값 보다 작거나 같은 범위

평균값 이용안함

산 포 도

평균값 이용

평균편차 (average Deviation)

$$AD = \frac{\sum_{i=1}^{n} |Xi - \bar{x}|}{n}$$

분 산(variance) 표준편차(standard deviation)

$$S = \sqrt{\frac{\sum_{i=1}^{n} (Xi - \overline{X})^2}{n-1}}$$

$$S^2 = \frac{\sum_{i=1}^{n} (Xi - \overline{X})^2}{n-1}$$

변동계수 (coefficient of variation)

관측치의 단위가 동일하지 않은 경우의 분산의 상대적 측정치

CV= S / X

> 평균편차도 분산처럼 모든 자료를 이용하지만 수식에서 절대값이 포함되어 계산시 복잡함

Tip

일반적으로 자료의 분포 특성을 말할 때 평균과 표준편차를 가장 많이 사용함.

그 이유는 모든 자료의 정보를 모두 이용하기 때문임을 알아두자!!

예 제

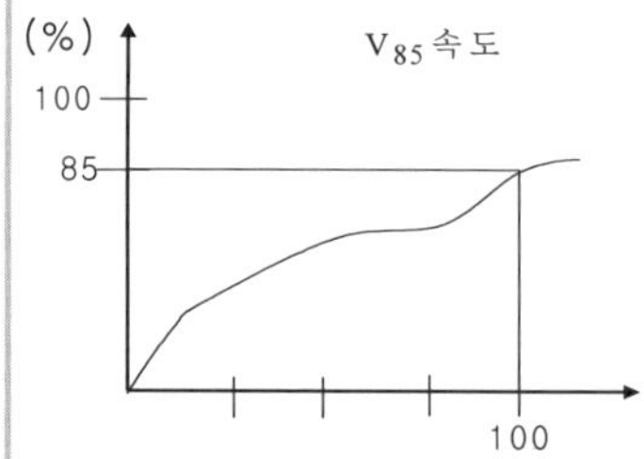

도로설계시 경제성과 안전성을 동시에 고려하여 85percentile 속도를 이용함.

ex

동물원의 사육사가 동물의 건강을 검사하기 위해 매일 체중을 검사한다. 하마는 평균 체중이 1000kg이고 표준편차가 10kg이었고 펭귄은 평균체중이 200g이고 표준편차가 10g이었다. 어느 동물의 무게변동이 심한가?

sol

· 하마 ($\overline{X_1}$)=1000	· 펭귄($\overline{X_2}$)=200
(S_1)=10	(S_2)=10
$CV_1 = \dfrac{10}{1000} = 0.01(1.0\%)$	$CV_2 = \dfrac{10}{200} = 0.05(5.0\%)$

따라서, 펭귄의 무게변동이 하마의 무게변동보다 심함

Ⅳ. 비대칭도의 측정

비대칭도 (Skewness)	- 도수 분포의 모양이 어떤지를 나타내는데 사용됨 - 평균과 최빈치간의 간격이 클수록 비대칭도는 심화됨

피어슨 비대칭계수 (pearson's coefficient of skewness:Skp)

산술평균과 중위수의 차이와 표준편차 사이의 관계에 기초

$$SK_P = \frac{3(\bar{x} - Md)}{S}$$

$\bar{X}$	: 산술평균
Md	: 중위수
S	: 표준편차

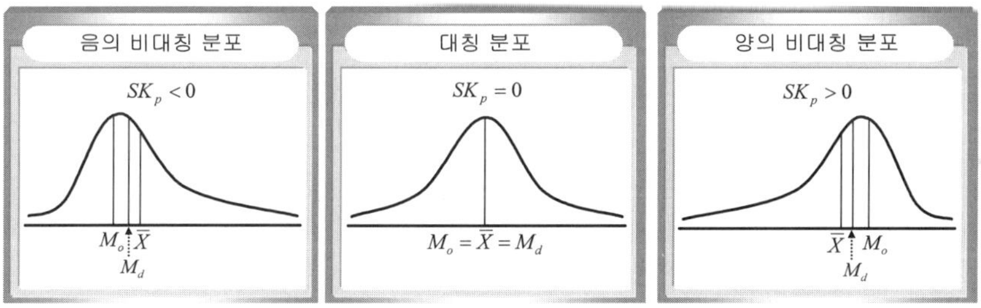

($\bar{X}$: 산술평균 M_d : 중위수 M_o : 최빈수)

ex

자료를 조사하였더니 Md=6.0, $\bar{X}$=5.5, S=2.0 이었다.
이 자료의 비대칭계수를 구하여라.

sol

$$SK_p = \frac{3(\bar{x} - Md)}{S} = \frac{3(5.5 - 6)}{2} = -0.75$$

(음의 비대칭 분포를 가짐)

제 5 장

확률분포와 중심극한정리

Ⅰ. 확률분포

1. 확률변수

확률변수 (random variable)	확률 실험에서 나타날 수 있는 모든 결과에 대하여 수치를 부여한 것

ex

동전 던지기 실험에서 앞면과 뒷면에 수치를 부여하여 확률변수를 만들어 보면

X=0 (앞면의 경우)

X=1 (뒷면의 경우)

1. 확률변수

2. 확률분포

확률분포 (random distribution)	한 변수가 어떤 실험이나 관찰의 결과로 나타날 수 있는 모든 상황과 각 상황이 나타날 확률을 표시한 것

✔ 이산확률분포 : 확률변수가 수량변수 중에서 이산변수인 경우에 나타나는 분포
(이항분포, 포아송분포, 초기하분포)

✔ 연속확률분포 : 연속변수인 경우에 나타나는 분포
(정규분포, t분포, χ^2분포)

ex

이산확률분포 – 동전을 던질 때의 앞면의 횟수
주사위를 던질 때 3이 나오는 횟수

연속확률분포 – 자동차의 속도
고등학생의 키

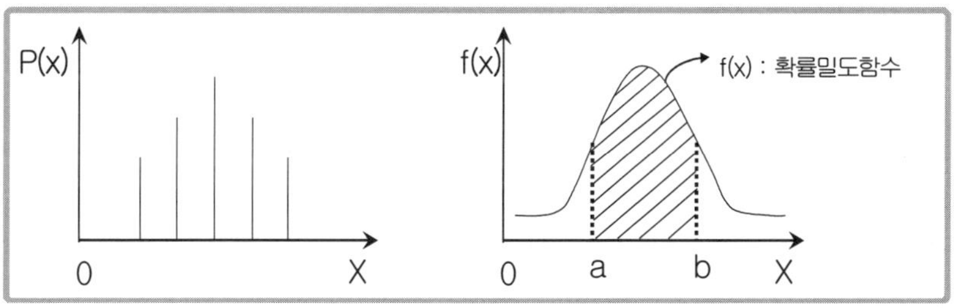

2. 확률분포

3. 확률밀도함수

3. 확률밀도함수

확률밀도함수의 특징

- 특정값 x의 발생할 확률 P(X=x) = 0
- 확률은 일정구간 사이의 값을 취할 확률로 계산

$$P(a \le X \le b) = \int_a^b f(x)dx$$

- f(x)>0

$$P(-\infty \le X \le \infty) = \int_{-\infty}^{\infty} f(x)dx$$

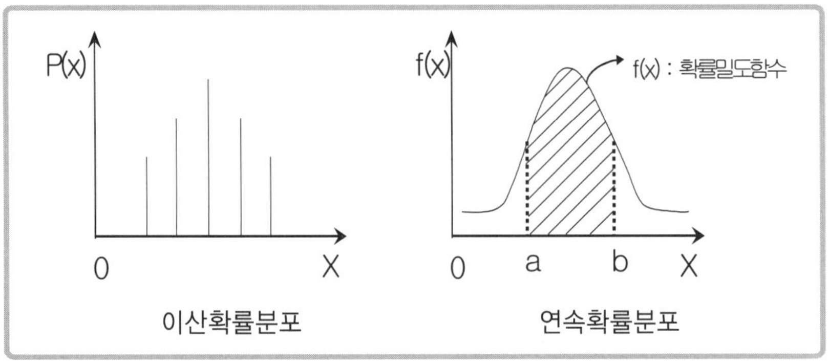

- 확률밀도함수 (probability density function : PDF) : f(x)
- 누적분포함수 (cumulation density function : CDF) : F(x)

$$F(x) = P(X \le x) = \int_{-\infty}^{x} f(x)dt, F'(x) = f(x)$$

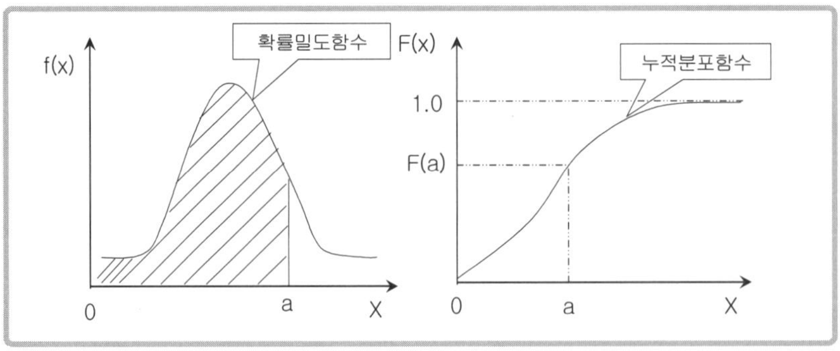

II. 정규분포

1. 정규분포란

정규분포 (Normal distribution)	표본을 통한 통계적 추정 및 가설검증이론의 기본이 되는 분포이고 실제로 우리가 사회적·자연적 현상에서 접하는 여러 자료들의 분포도 비슷한 형태를 띔

2. 정규분포의 특성

- 연속변수
- 좌우대칭의 단봉분포 (unimodal distribution)
- 정규곡선과 X축 사이 전체 면적=1
- 분포특징 N (μ, σ^2)

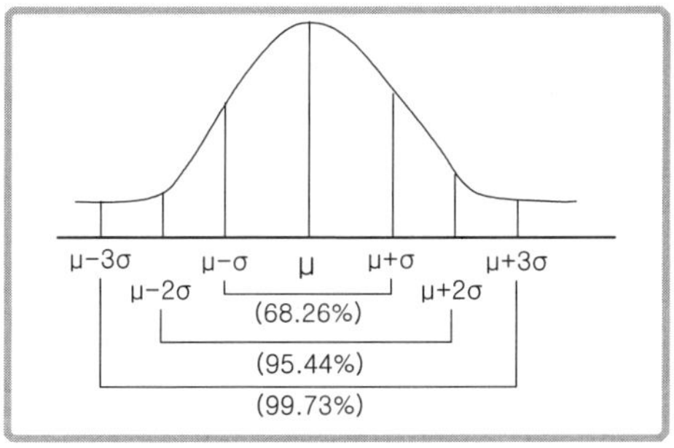

Tip

위 그림에서도 알 수 있듯이 정규곡선에는 변곡점이 3군데가 생기는데 그 거리는 평균에서 표준편차 만큼의 거리에 생긴다는거 잊지 마세요~~

1. 정규분포란

2. 정규분포의 특성

3. 정규분포의 표준화

3. 정규분포의 표준화

정규분포의 표준화	평균을 특정값에 고정하고 표준편차를 기준으로 산포의 크기를 나타내 주는 것. 평균을 0으로 표준편차를 1로 해서 정규분포를 표준정규분포로 나타내어 줌

정규분포의 확률밀도함수

산술평균과 중위수의 차이와 표준편차 사이의 관계에 기초

$$f(X) = \frac{1}{\sqrt{2\pi}\sigma} e^{\frac{-(X-\mu)^2}{2\sigma^2}} \qquad -\infty < X < \infty$$

π : 3.14...(원주율)
e : 2.7183
μ : 분포의 평균
σ : 분포의 표준편차

각 정규분포마다의 누적분포함수의 계산이 어려우므로 정규분포를 하나로 표준화시켜 적분한 값을 하나의 수표로 제시한 표

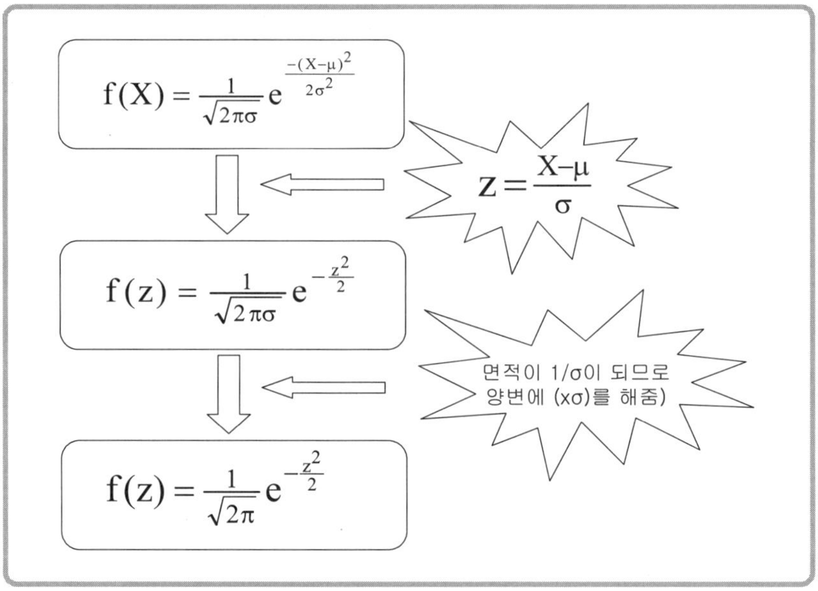

[그림] 표준화과정

Ⅲ. 집단분포의 종류

1. 집단분포

1. 집단분포

- 모집단의 전수조사를 하지 않고도 표본을 조사하여 모집단을 추정할 수 있는 근거의 하나는 표본평균의 분포의 특성 때문임

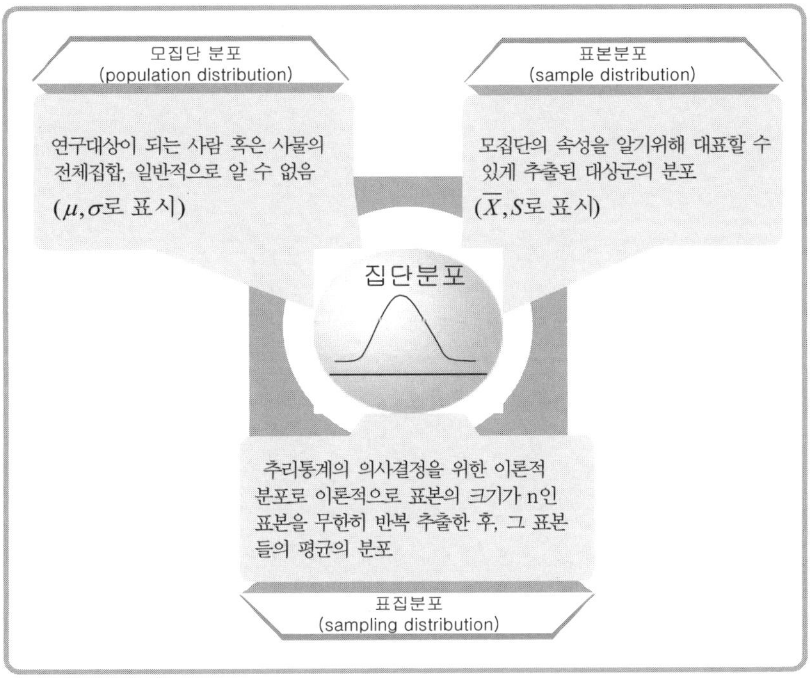

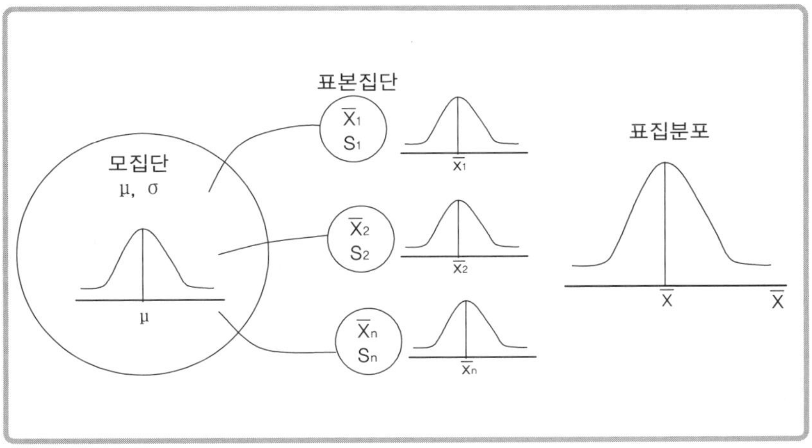

2. 표집분포의 속성

2. 표집분포의 속성

표집분포의 속성 (sampling distribution)	평 균 : 표본분포의 평균 표준편차 : 표본분포 평균들의 표준편차 표집오차 : 표집분포에서의 평균간의 오차

표집오차 (sampling error)	각 표본들을 추출하여 만든 분포, 즉 표집분포에서 각 표본들의 평균간의 오차가 발생하게 되는데 이를 표집오차라 함

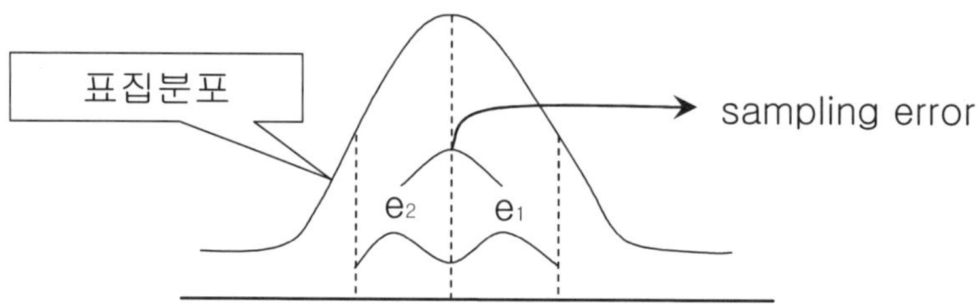

아~~ 표집분포의 표준편차를 가리키는 말로 모집단의 평균과 표본집단의 평균이 같지 않을 때 생기는 표집오차의 표준 편차와 같음을 말하는 거구나~!!

Ⅳ. 중심극한정리

1. 중심극한정리

중심극한정리 (central limit theorem)	표본의 크기가 충분히 클 때(n〉30) 모집단의 분포와 상관없이 정규분포가 됨을 말함

◎ 특징

• $\overline{X} = \mu$ • $S^2 = \frac{\sigma^2}{n}$ • $S = \frac{\sigma}{\sqrt{n}}$ • $\overline{X} \sim N(\mu, \frac{\sigma^2}{n})$	• 표본에서의 평균값의 분포는 평균이 μ, 표준편차가 $\frac{\sigma}{\sqrt{n}}$ 인 정규분포를 이룸 • 통계적 추정에 관련된 모든 기법들은 중심극한정리에 기초를 두고 있음

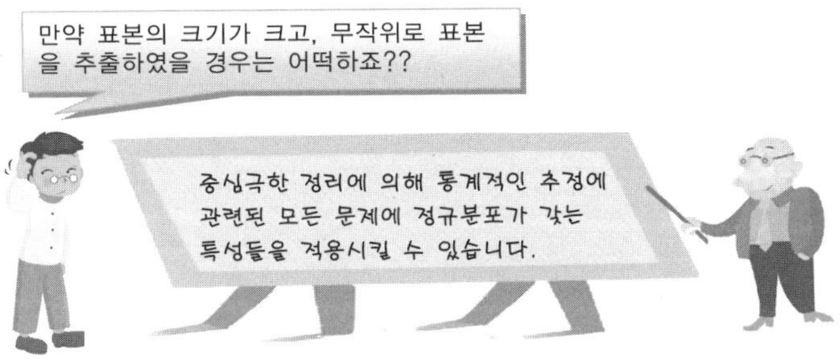

2. 중심극한정리의 예

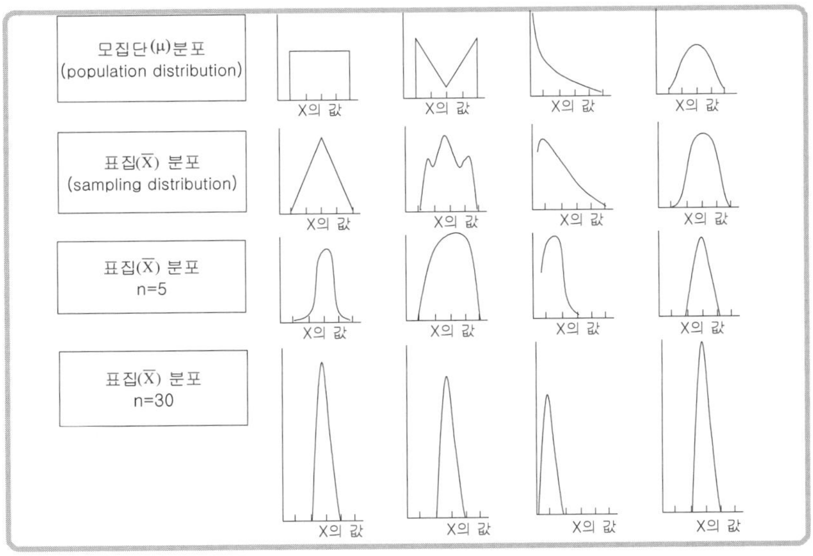

1. 중심극한 정리

2. 중심극한 정리의 예

모집단의 분포가 각각 다르더라도 표본이 30개 이상이면 표본의 분포는 정규분포를 따름

V. 실전예제

1. 이항분포

1. 이항분포

ex

어느 건물의 이용자를 대상으로 조사한 결과에 의하면 건물 이용자의 50%가 대중교통수단을 이용하는 것으로 알려졌다. 이때 4명을 임의로 추출해 설문하였을 때 대중교통을 이용하였을 횟수의 확률은?

실험 결과 혹은 표본을 뽑은 결과가 상호배타적인 두 사건만으로 나타나는 경우 ⇒ 이항분포 사용

$$P(X=x)={}_nC_x \cdot P^x(1-P)^{n-x}$$

sol

· 4명 중 한명도 없을 경우 확률

$$P(X=0)={}_4C_0(\frac{1}{2})^0(\frac{1}{2})^4=\frac{1}{16}$$

· 4명 중 1명일 경우 확률

$$P(X=1)={}_4C_1(\frac{1}{2})^1(\frac{1}{2})^3=\frac{1}{4}$$

· 4명 중 2명일 경우 확률

$$P(X=2)={}_4C_2(\frac{1}{2})^2(\frac{1}{2})^2=\frac{3}{8}$$

· 4명 중 3명일 경우 확률

$$P(X=3)={}_4C_3(\frac{1}{2})^3(\frac{1}{2})^1=\frac{1}{4}$$

· 4명 중 4명일 경우 확률

$$P(X=4)={}_4C_4(\frac{1}{2})^4(\frac{1}{2})^0=\frac{1}{16}$$

2. 포아송분포

ex

어느 시청 도시정비과의 도시계획 관련 민원인의 방문이 평일 기준으로 시간당 90명이다. 방문객의 도착분포는 Poisson 분포를 따른다. $P(X \le 2)$를 구하여라.

포아송분포는 일정한 시간이나 공간에서 어떤 사건이 무작위로 발생할 때 그 사건이 일어날 횟수와 확률 산출시 이용함

$$P(X=x)=\frac{\lambda^x e^{-\lambda}}{x!}$$

여기서, λ : 평균발생횟수
x : 사건발생횟수

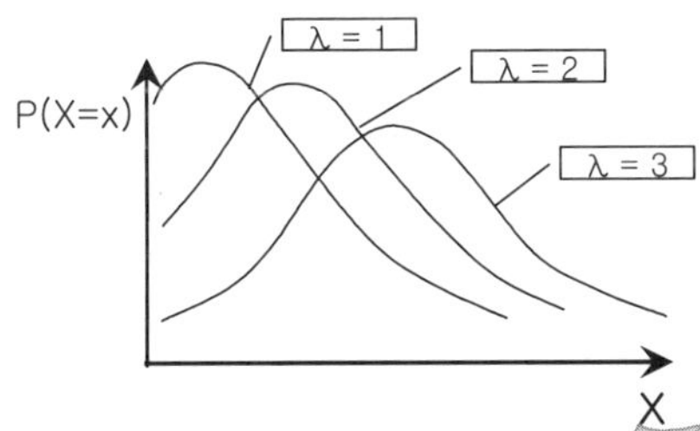

sol

평균 방문객 도착률 = $\frac{90\text{명}}{60\text{분}} = 1.5\text{명}/\text{분}$

$$P(X=x)=\frac{1.5^x e^{-1.5}}{x!} \qquad (x=0,1,2\ldots)$$

$$P(X \le 2) = P(X=0)+P(X=1)6+(X=2)$$
$$= 0.223+0.335+0.251$$
$$\mathbf{= 0.809}$$

2. 포아송분포

좌회전 교통량 285vph, 신호주기 63초 신호시간에 좌회전 교통량 모두 처리, 좌회전 전용차선은 4대의 용량으로 설계, 이 경우 용량을 초과하여 직진 교통류에 지체를 발생시키는 확률을 계산하여라.

$$P(x \geq k) = 1 - P(x < k) = 1 - \sum_{x=1}^{k} \frac{\lambda^x e^{-\lambda}}{x!}$$

평균차량대수 $\lambda = 285 \times \frac{63}{3600} = 4.985$; 1cycle당

$$P(x \geq 5) = 1 - \sum_{x=0}^{4} \frac{e^{-4.985} \cdot 4.985^x}{x!}$$

= 1−(0.0068+0.0340+0.0849+0.1412+0.1759)
= 1−0.4398 = 0.5602

따라서, 현재의 신호시스템을 유지하려면 약 절반 이상의 좌회전 교통류(56.02%)가 직진 교통류에 지체를 초래한다.

ex

어느 시의 업무-상업용 빌딩의 수가 8,635동에 달한다. 시의 세정과에서는 이들 빌딩을 대상으로 지난 10년간 재산세 납부실적을 파악한 결과, 재산세 미납빌딩이 2,150동으로 이들을 특별관리하려고 한다. 재산세 상습미납빌딩은 몇 동인가?

sol

평균 $\lambda = \frac{2150}{8635} = 0.249 \fallingdotseq 0.25$

$$P(x \geq 3) = 1 - \sum_{x=0}^{2} \frac{e^{-0.25} \cdot 0.25^{x}}{x!}$$

= 1 (0.7788+0.1947+0.0243)

= 0.0022

따라서, 재산세 상습미납 빌딩은 0.0022(확률) × 8635 (전체경우세대 빌딩수) ≒ 19빌딩

3. 균등분포

3. 균등분포

ex

전철에 의존하여 출근하는 회사원이 있다. 출근시간에 전철은 2분에 한번꼴로 비교적 일정하게 도착한다.
이 때 회사원이 30초 이내로 전철에 탈 확률은?

- 균등분포
유한구간 내에서 확률변수가 그 구간 내에서 균등한 확률밀도를 가지는 확률분포를 균등분포라 함

$$f(x) = \frac{1}{b-a}, a \leq x \leq b$$

sol

전철도착이 일정 → 균등분포

$$P(x \leq 30) = \int_{0}^{30} \frac{1}{120}[30-0] = 0.25$$

$$\frac{1}{b-a} = \frac{1}{120}$$

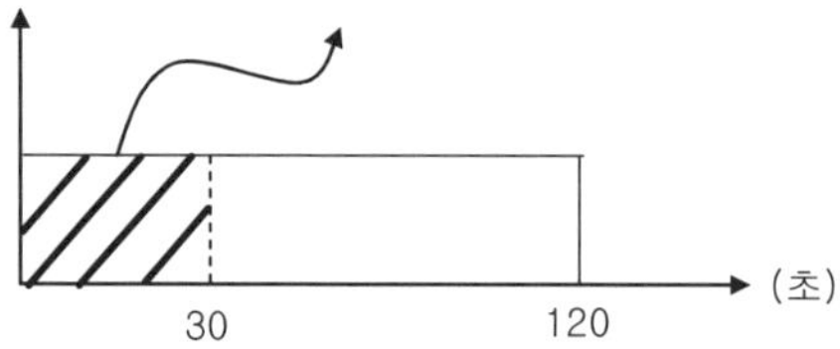

4. 지수분포

4. 지수분포

ex

어느 호텔에 피크시 한 시간 동안 들어오는 평균차량대수가 시간당 200대로 도착형태는 지수분포를 따른다.
이 때 시간당 300대 이상의 차량이 들어올 확률은?

- 지수분포
- 이산확률분포의 포아송분포와 관련된 연속확률분포.
- 단위시간에 평균 회의 포아송분포가 일어나는 사상의 시간간격분포는 지수분포로 나타남.
- 일정한 사건과 사건이 일어나는 시간간격(interval gap)을 설명하는 데 사용

$f(x) = \lambda e^{-\lambda x} (\lambda > 0, x > 0)$

평균 $E(x) = \frac{1}{\lambda}$, 분산 $var(x) = \sigma^2 = \frac{1}{\lambda^2}$

포아송

$P(0) = \frac{(\lambda t)^0}{0!} e^{-\lambda t} \Rightarrow F(t) = 1 - P_0$

"지수분포" $P_0 = \frac{\lambda^0}{0!} e^{-\lambda} = e^{-\frac{v \cdot t}{3600}}$

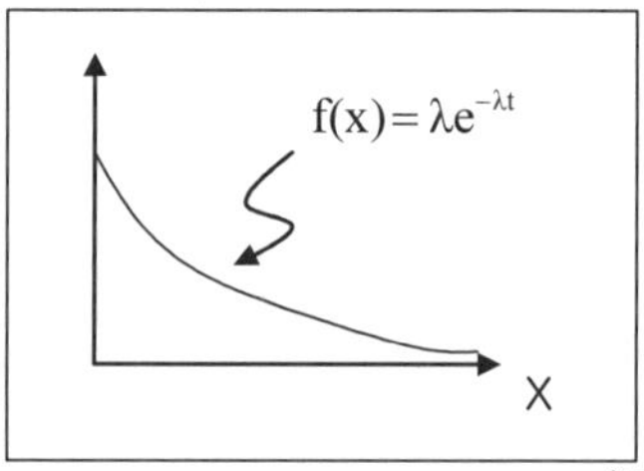

sol

지수분포의 확률밀도 함수

$$f(x) = \lambda e^{-\lambda t} \text{이고, 평균 } E(x) = \frac{1}{\lambda}$$

x = 300대/시 이상일 확률은

$$P(x \geq 300) = \int_{300}^{\infty} \lambda e^{-\lambda x}$$
$$= \int_{300}^{\infty} \lambda e^{\lambda x} dx = [e^{-\lambda x}]_{300}^{\infty}$$
$$= e^{-\lambda \cdot \infty} + e^{-\lambda 300}$$
$$= 0 + e^{-\lambda 300}$$
$$= e^{-300\lambda}$$

평균 E(x) = 200대/시 $200 = \frac{1}{\lambda}$, $\therefore \lambda = \frac{1}{200}$

$\therefore P(x \geq 300) = e^{-1.5} \fallingdotseq 0.223$

즉, 시간당 300대 이상이 들어올 확률 = 22.3 %

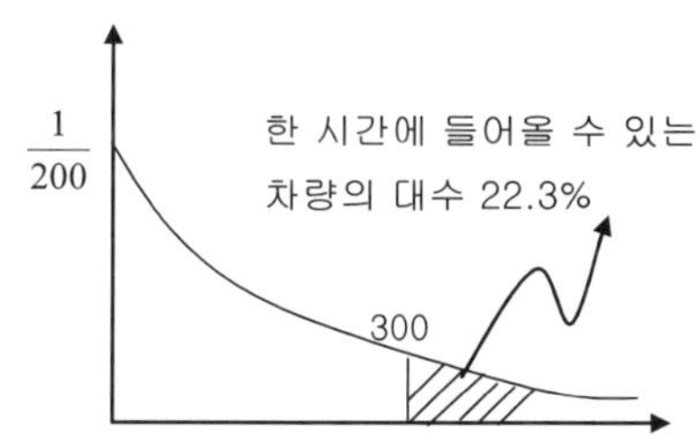

제 6 장

가설검정

Ⅰ. 가설검정이란

1. 가설이란

1. 가설이란

가설 (hypothesis)	Kirk(1982)는 검정 가능한 상상적 추측이라고 하였고 Good(1959)는 연구를 이끄는 개념으로 잠정적 설명이나 가능성을 설명한 것이라 함

2. 가설검정

2. 가설검정

가설검정 (hypothesis test)	표본을 통해 얻은 사실을 근거로 하여 모집단에 대한 가설이 맞는지 틀린지를 분석하는 통계적 방법

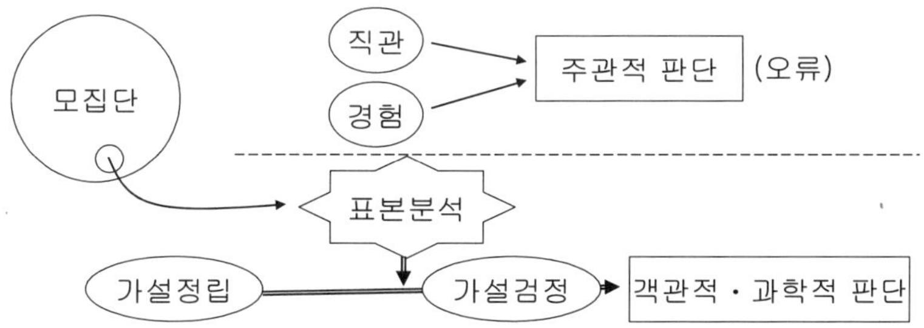

ex

다음과 같은 것들을 가설검정할 수 있다.

- 머리가 큰 사람이 좋은 대학을 가는가?
- 목욕 전 · 후의 몸무게는 변화가 있는가?
- 부모의 지능과 자식의 지능은 유전이 되는가?

II. 가설검정의 기본용어

1. 귀무가설 VS 대립가설

1. 귀무가설 VS 대립가설

귀무가설(H_0)
(null hypothesis)

- 검정의 대상이 되는 가설
- 버리는 것, 무에 귀착하는 가설로 영가설 이라고도 함

대립가설 (Ha or H_1)
(alternative hypothesis)

- 귀무가설이 기각될 때 받아들여지는 가설
- 연구자가 주장하고 싶은 가설

연구의 목적은 귀무가설(H_0)을 설정할 때 연구자가 주장하고 싶은 반대의 가설을 설정하여 최종적으로 귀무가설을 기각시키는 것이라는거 기억하세요~!!

ex

H제약회사에서 두통치료약을 새롭게 연구 · 개발하였을 때 기존의 두통약과의 효능을 비교하고자 한다. 가설검정의 가설은?

⇒ 귀무가설(H_0): 새로운 두통약 효능=기존의 두통약 효능

대립가설(H_1): 새로운 두통약 효능≠기존의 두통약 효능

2. 유의수준 VS 임계치

- 유의수준을 결정하면 유의수준에 따른 임계치가 결정됨
- 유의수준과 임계치는 항상 같이 생각하자

2. 유의수준 VS 임계치

유의수준
(significance level)

- 제1종 오류의 수준을 말하며 α 로 표기함.
(오차를 허용할 수 있는 수준)
- 의사결정의 기준이 되기 때문에 연구시작 전 연구자가 결정

임계치
(critical value)

주어진 유의수준에서 귀무가설을 채택과 기각에 관련된 의사결정을 할 때, 그 기준이 되는 점

유의수준과
신뢰수준은
반대개념

ex

유의수준과 임계치를 그래프로 설명하면 다음과 같음

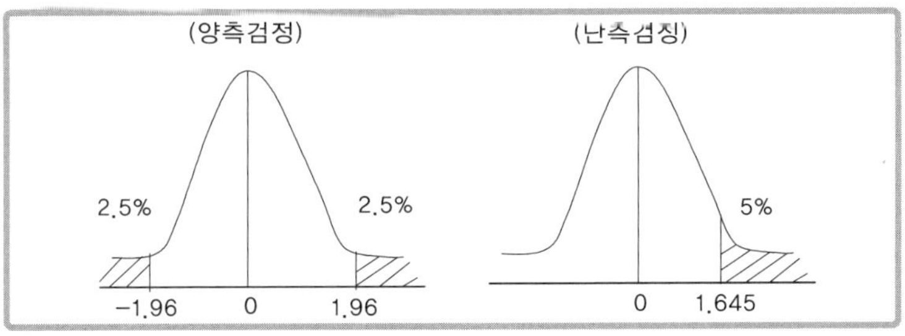

Tip

유의수준	신뢰수준	임계치(Z값) (양측검정시)
α = 0.1 (10%)	90%	1.645
α = 0.05 (5%)	95%	1.96
α = 0.01 (1%)	99%	2.54

3. 양측검정 VS 단측검정

> 등호는 양측검정, 단측검정에 관계 없이 **귀무가설**에만 사용함

> **양측검정)**
> 평균값에서 양쪽으로 다 문제가 되는 경우
>
> **단측검정)**
> 평균값에서 한 쪽만 문제가 되는 경우

3. 양측검정 VS 단측검정

양측검정 (two-tailed test)

- 기각영역이 양쪽에 있는 검정
- 평균값이 큰지 작은지 모르거나 혹은 크거나 작을 때 모두 문제가 되는 경우

단측검정 (one-tailed test)

- 기각영역이 한쪽에 있는 검정
- 평균값이 작은쪽이나 큰쪽만이 문제가 되는 경우

① 양측검정⇒ $H_0 : \mu_1 = \mu_2$
$H_1 : \mu_1 \neq \mu_2$

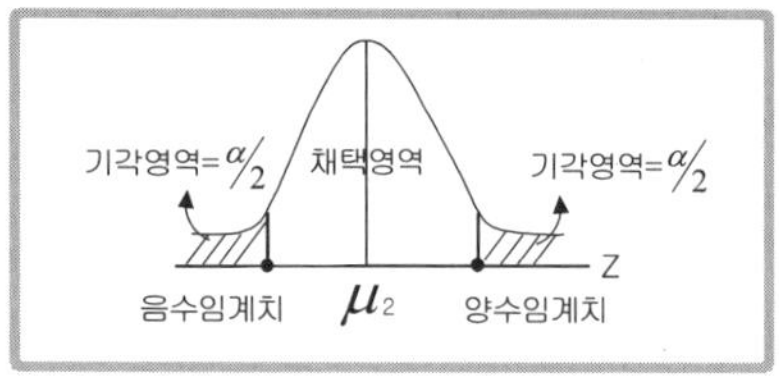

② 단측검정

-왼쪽단측검정⇒ $H_0 : \mu_1 \geq \mu_2$
$H_1 : \mu_1 < \mu_2$

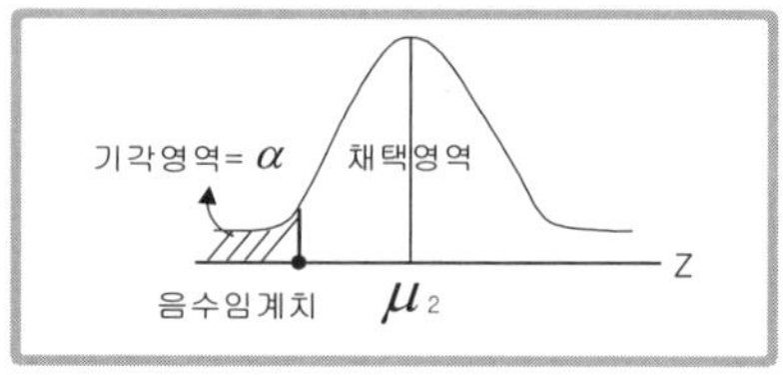

-오른쪽단측검정⇒ $H_0 : \mu_1 \leq \mu_2$
$H_1 : \mu_1 > \mu_2$

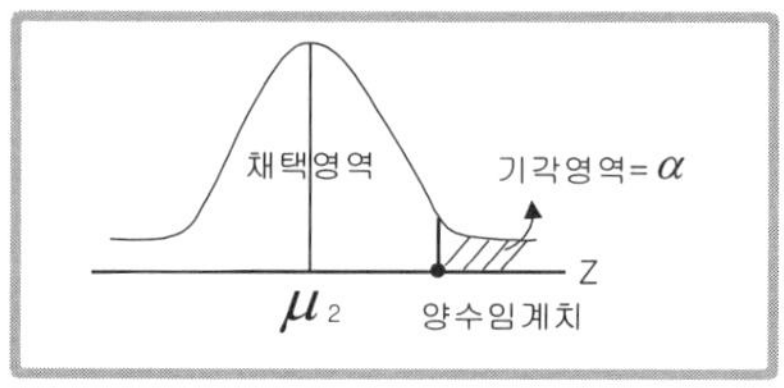

ex

유럽에서는 예전에 빵을 살 때 크기를 속여 팔지 못하도록 벽에 빵 크기의 홈을 파서 구매자가 직접 확인할 수 있었다고 한다. 만약 당신이 가게에서 빵을 구입하여 무게가 맞는지 어떻게 검정할지 가설을 세워보자.
(단, 표기된 빵의 무게는 600g 임)

sol

빵의 무게가 600g이 정확히 맞는지에 관심있다면, 즉 600g이 넘거나 모자라는 것 둘 다 문제가 되는 경우라면
⇒ 양측검정 실시

$$H_0: \mu = 600g$$
$$H_1: \mu \neq 600g$$

그러나, 빵의 무게가 600g이 안 되는 경우에만 문제를 삼을 경우라면 ⇒ 단측검정 실시

$$H_0: \mu \geq 600g$$
$$H_1: \mu < 600g$$

α오류를 유의 수준이라함

Ⅲ. 가설검정의 오류

✔ 가설검정은 표본의 통계량을 기초로 모집단의 특성을 알아보기 때문에 표본의 선택에 따라 잘못된 결론을 내릴 수 있음.
따라서 표본을 근거로 하는 가설검정에서도 항상 오류가 발생 가능함.

α 오류 (type Ⅰ error)

- 실제로는 귀무가설이 옳은데도 검정결과 귀무가설을 기각하는 오류를 말함.
- 제1종 오류(type Ⅰ error)라고도 함

β 오류 (type Ⅱ error)

- 실제로는 귀무가설이 틀렸는데도 검정결과 귀무가설이 옳은 것으로 받아들이는 오류를 말함
- 제2종 오류(type Ⅱ error)라고도 함

ex

초등학교 3학년과 4학년의 신체검사 시간에 신장을 측정하였다. 3학년 평균신장은 130cm이고, 4학년 평균신장이 150cm였다. 임의로 한 학생을 선택하여 몇 학년인지를 판단할 때 140cm를 기준으로 더 큰쪽을 4학년, 작은쪽을 3학년이라 판단할 때 생길 수 있는 오류를 나타내시오.

sol

① H_0 : 이 학생은 4학년이다.
H_1 : 이 학생은 3학년이다.

α오류 : 이 학생이 4학년임에도 불구하고 140cm가 안되어 귀무가설을 기각하는 오류

β오류 : 이 학생이 3학년임에도 불구하고 140cm 이상이 되어 귀무가설을 채택하는 오류

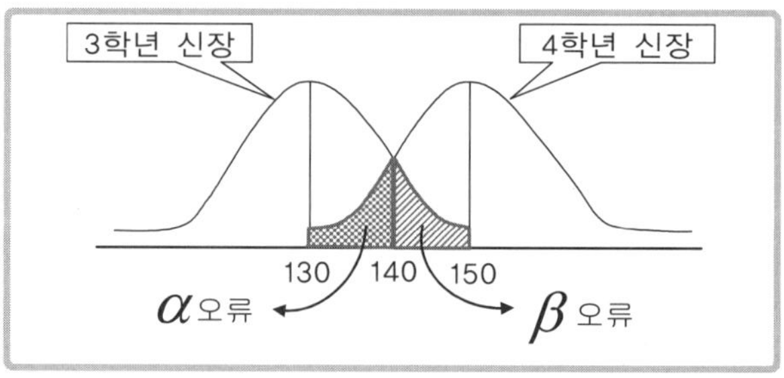

② H_0 : 이 학생은 3학년이다.
H_1 : 이 학생은 4학년이다.

α오류 : 이 학생은 3학년임에도 140cm 이상이 되어 귀무가설을 기각하는 오류

β오류 : 이 학생은 4학년임에도 140cm가 되지 않아 귀무가설을 채택하는 오류

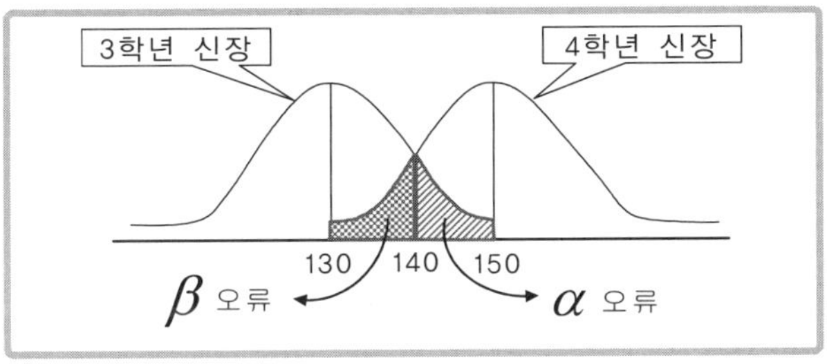

의사결정 \ H0의 진위	Ho가 참	Ho가 거짓
Ho 채택	1−α(옳은 결정)	β−오류(틀린 결정) (제2종 오류)
Ho 기각	α−오류(틀린 결정) (제1종 오류)	1−β(옳은 결정)

> 실제사실과 귀무가설을 비교하여 오류의 종류를 결정

H_0: 이 학생은 4학년이다.

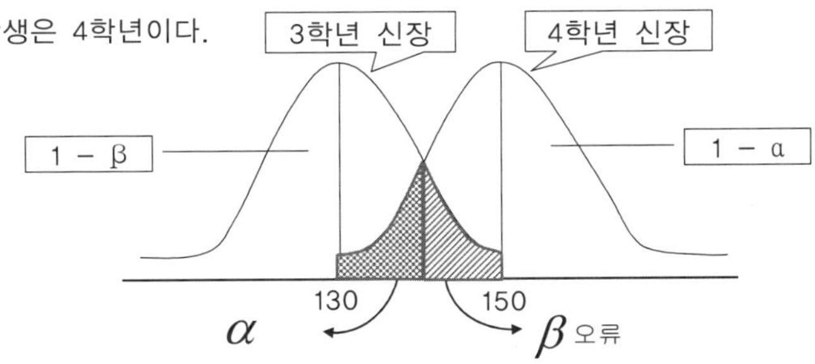

· 제1종오류(α−오류)를 유의수준이라 함.
연구에서 치명적인 오류가 될 수 있기 때문.
· 연구자가 바라는 것은 1−β 가 커지도록 하는 것임.
귀무가설이 거짓이고 이를 기각시켜 새로운 것을 주장하고자 함

> • 연구자는 1−β가 커지도록 하는 것을 바램
> • **1−β**를 power(**검정력**)라 함

IV. 가설검정의 순서

✔ 앞으로 모든 가설검정의 순서는 아래의 5단계의 과정을 숙지하고 적용하도록 하자

가설검정의 순서	
	Step 1. 귀무가설(H_0)과 대립가설(H_1)의 설정
	Step 2. 유의수준(α)의 결정
	Step 3. 유의수준을 충족시키는 임계치의 결정
	Step 4. 통계량의 계산과 임계치와의 비교
	Step 5. 결과의 해석

가설검정시 이상, 이하가 나오면 **단측검정**을 하자!

ex

H대학교의 통계학 성적 수준을 조사하려고 한다. 무작위로 25명의 대학생을 표본조사하였더니, 75점이었다.
이 학교 전체 학생의 통계학 성적 표준편차가 5점이었다면 H학교 학생의 통계학 성적이 80점 이상이라 할 수 있는가, 유의수준 5%에서 검정하여라.

sol

가설검정은 5단계 과정에 따라 진행된다.

Step 1: 가설설정

$$H_0 : \mu \geq 80$$
$$H_1 : \mu < 80$$

80점 이상이라 할 수 있는가 → 단측검정, 표본의 평균값이 75점이니까, 대립가설은 $H_1 : \mu < 80$ 로 설정

Step 2: 유의수준

$$\alpha = 0.05 \ (5\%)$$

Step 3: 임계치 결정

모집단의 표준편차를 알기 때문에 Z검정

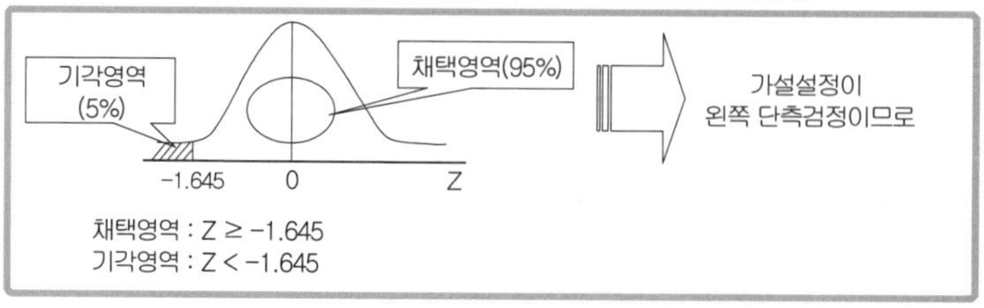

Step 4: 임계치와 통계량 비교

75점에 대응하는 Z의 통계량은

$$Z = \frac{\overline{X} - \mu_{\overline{X}}}{\sigma_{\overline{X}}} = \frac{75-80}{\frac{5}{\sqrt{25}}} = -5 \quad (※\ \sigma_{\overline{X}} = \frac{\sigma}{\sqrt{n}}\text{, 중심극한정리의 적용})$$

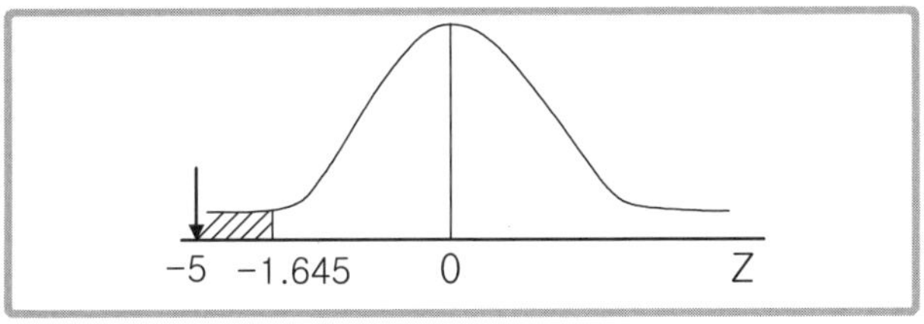

Z 통계값이 –5로 –1.645보다 작아서 기각영역에 포함되므로 H_0(귀무가설)을 기각한다.

Step 5: 결과 해석

위 결과로부터 H대학생의 통계학 성적은 유의수준 5% 이내에서 평균 80점 이상이라고 말할 수 없다.

ex

만약 위의 문제에서 H학교 통계학 성적이 80점인가를 유의수준 5%내에서 검정하면 어떻게 되겠는가?

sol

Step 1: 가설설정

$H_0 : \mu = 80$
$H_1 : \mu \neq 80$

위의 문제는 단측이지만 여기서는 양측검정을 묻는 것임

Step 2: 유의수준

α = 0.05 (5%)

Step 3: 임계치 결정

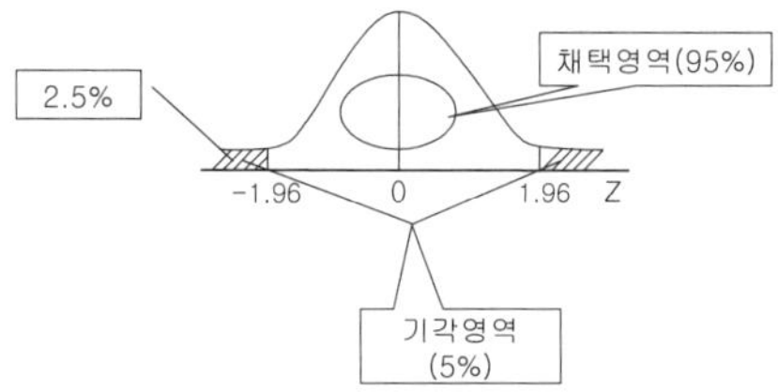

Step 4: 임계치와 통계량 비교

통계량 $Z = \dfrac{75-80}{\dfrac{5}{\sqrt{25}}} = -5$

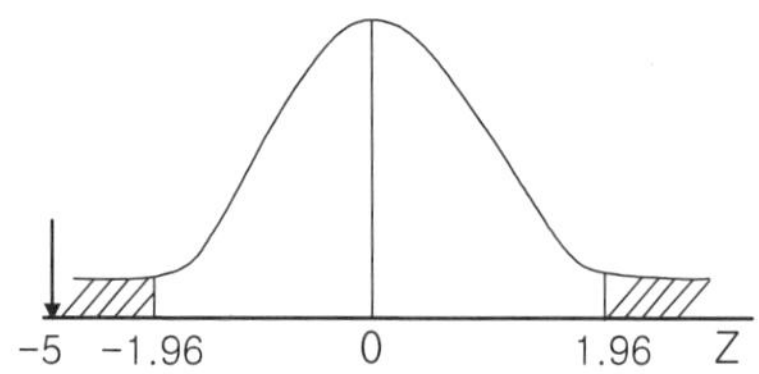

Step 5: 결과 해석

유의수준 5%에서 H대학의 통계학 성적은 80점이라고 할 수 없다.

Tip

양측검정과 단측검정일 때 같은 유의수준에서 임계치가 달라지는데, 그 이유는 유의수준에 따른 유의범위의 위치가 달라지기 때문임

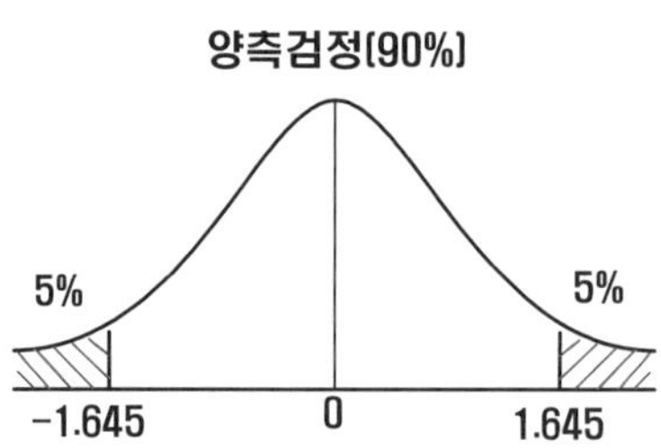

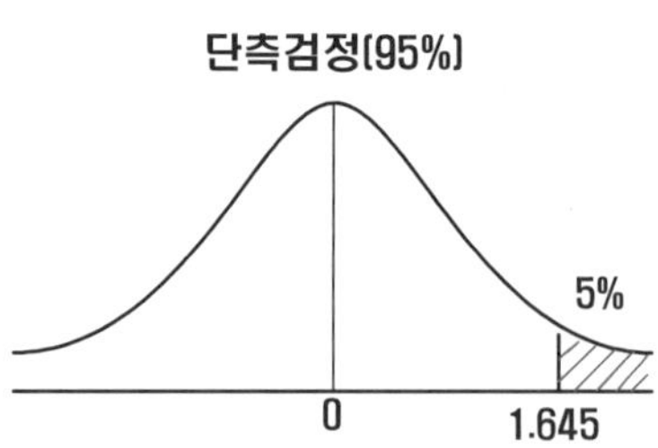

제 7 장

Z-검정

Ⅰ 통계적 검정 방법들

Ⅱ 단일표본의 Z검정

Ⅲ 두 표본의 Z검정

Ⅳ 자유도

Ⅰ. 통계적 검정 방법들

1. 통계적 검정의 특징

통계적 검정의 특징

통계적 검증은 자료의 특성 즉 양적변수, 질적변수에 따라, 그리고 비교하고자 하는 집단 수에 따라 z검정, t검정, F검정, χ^2검정 등으로 나눌 수 있음

1. 통계적 검정의 특징

2. 자료의 특성에 따른 검정방법

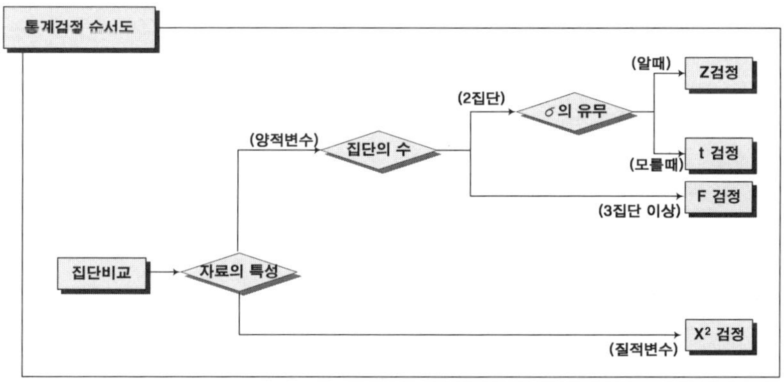

2. 자료의 특성에 따른 검정방법

•양적변수일 때
⇒ Z,t,F 검정
•질적변수일 때
⇒ χ^2검증

모집단의 표준편차를
알때⇒Z검정
모를때⇒ t검정

Tip

집단비교를 하고자 하는 경우에는 자료의 특성을 먼저 파악한 다음 정확한 통계적 검정방법을 사용하도록 합시다!!
(집단비교 방법들 : χ^2검정, F검정, t검정)

II. 단일표본의 Z검정

1. Z검정의 충족조건

1. Z검정의 충족조건

Z검정의 충족조건

- 종속변수가 양적변수이어야 함
- 모집단의 분산 σ^2을 알아야 함
- 모집단의 분포가 정규분포이어야 함
- 등분산 가정이 충족되어야 함
  (두 모집단을 비교할 경우 분산이 같아야 함

2. 단일표본 Z검정

2. 단일표본 Z검정(one-sample Z test)

단일표본 Z검정	한 모집단의 속성을 알기 위해 모집단을 대표하도록 추출한 표본의 평균과 연구자가 연구한 특정 값과 비교하는 통계적 검정방법

예 제

경부고속도로의 평균속도가 120km/h 이고 표준편차가 20km/h라고 할 때, 서울에서 대전까지의 경부고속도로의 평균속도도 120km/h로 같은지 알아보려고 한다. 이 구간에서 100대의 차량을 랜덤하게 조사하였더니 125km/h의 평균속도를 얻었다면 유의수준 5%에서 서울~대전 구간의 평균속도가 120km/h인지 검증하여라.

풀이

Step 1: 가설설정

H_0 : μ =120km/h

H_1 : $\mu \neq$120km/h

Step 2: 유의수준

$\alpha = 0.05(5\%)$

Step 3: 임계치 결정

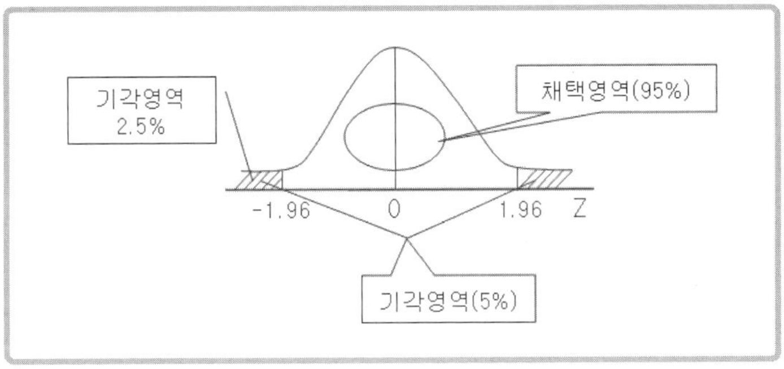

Step 4: 통계량과 임계치 비교

$$Z = \frac{\overline{X} - \mu}{\frac{\sigma}{\sqrt{n}}} = \frac{125 - 120}{\frac{20}{\sqrt{100}}} = 2.5$$

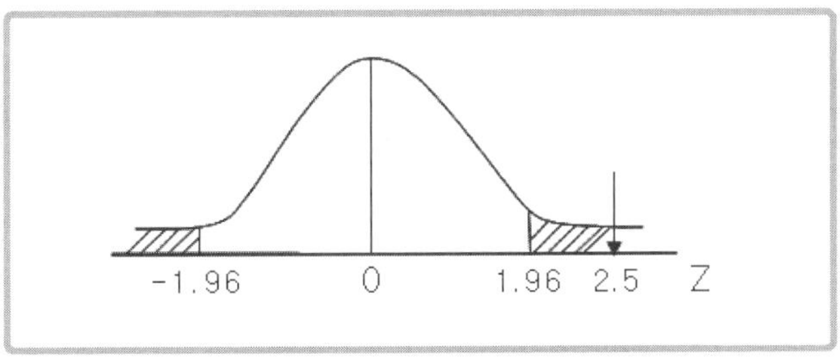

(임계치 1.96보다 크므로 귀무가설을 기각함)

Step 5: 결과 해석

유의수준 5%에서 서울에서 대전구간의 경부고속도로의 평균 속도는 120km/h라 할 수 없다.

가설검정의 순서
Step5를 기억하세요!!
Step1:가설설정
Step2:유의수준
Step3:임계치
Step4:통계값
Step5:결과해석

1. Z검정이란

III. 두 표본의 Z검정

1. Z검정이란

두 독립표본 Z검정 (two-independent samples Z-test)

알지 못하는 두 모집단의 유사성을 검정하기 위해 두 모집단에서 각기 독립적인 두 표본을 가지고 평균을 비교하는 통계적 방법임

두 종속표본 Z검정 (two-dependent samples Z-test)

두 모집단의 유사성을 검정하는 방법으로 추출된 두 표본이 상호 독립적이지 않을 때 사용함

Tip

실제연구에서는 모집단의 분산을 알기 어렵기 때문에 z검정을 사용하는 경우가 흔치 않으며 두 표본이 상호 의존인 경우도 많지 않아 두 종속표본 z검정을 사용하는 예는 많지 않음

예 제

경부고속도로를 달리는 승용차와 화물차를 각각 100대씩 무작위로 추출하여 평균속도를 측정하였더니 승용차의 평균속도가 120km/h이고 화물차가 110km/h였다. 승용차 모집단의 표준편차가 20km/h이고 화물차 모집단의 표준편차가 10km/h라고 알고 있다면 승용차와 화물차의 평균속도는 차이가 있는지 유의수준 5%에서 검정하여라.

풀이

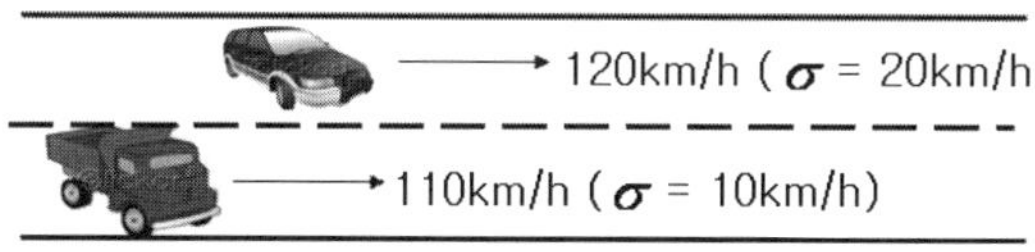

Step 1: 가설설정

$H_0: \mu_1 = \mu_2$ $H_1: \mu_1 \neq \mu_2$	$H_0: \mu_1 - \mu_2 = 0$ $H_1: \mu_1 - \mu_2 \neq 0$

Step 2: 유의수준

α = 0.05(5%)

Step 3: 임계치

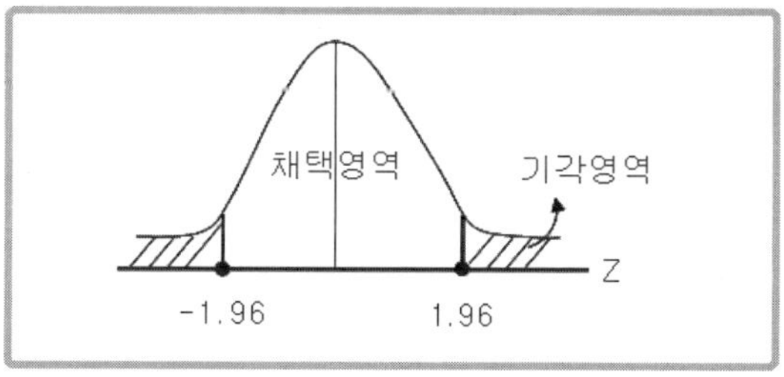

Step 4: 임계치와 통계량 비교

$$Z = \frac{\overline{X_1} - \overline{X_2}}{\sqrt{\frac{\sigma_1^2}{n_1} + \frac{\sigma_2^2}{n_2}}} = \frac{120 - 110}{\sqrt{\frac{20^2}{100} + \frac{10^2}{100}}} = 4.472$$

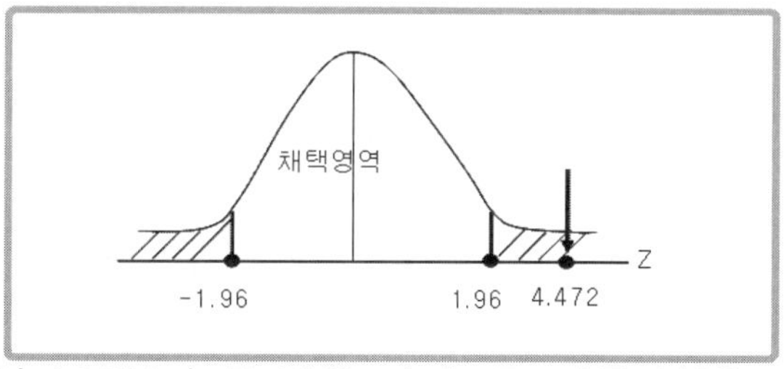

(임계치 1.96보다 큰 값을 가지므로 귀무가설을 기각함)

Step 5: 결과 해석

유의수준 5%에서 승용차와 화물차의 평균속도가 차이가 있다고 할 수 있음

각 검정방법에 따라 통계값 계산 방식이 다름으로 확인하여 적용하도록 합시다.

Z-test

모집단의 표준편차(σ)를 알 때 사용되기 때문에 흔치않게 사용되나 나머지 검정의 기본이 되는 것이니 알아두어야 함

구 분	자유도	임 계 치	통 계 량
단일표본 Z검정	n	90%(양측±1.645) 95%(양측±1.96) 99%(양측±2.576)	$Z=\dfrac{\overline{X}-\mu}{\dfrac{\sigma}{\sqrt{n}}}$
두 독립표본 Z검정	n	90%(양측±1.645) 95%(양측±1.96) 99%(양측±2.576)	$Z=\dfrac{\overline{X_1}-\overline{X_2}}{\sqrt{\dfrac{\sigma_1^2}{n_1}+\dfrac{\sigma_2^2}{n_2}}}$
두 종속표본 Z검정	n	90%(양측±1.645) 95%(양측±1.96) 99%(양측±2.576)	$Z=\dfrac{\overline{X_1}-\overline{X_2}}{\sqrt{\dfrac{\sigma_1^2}{n_1}+\dfrac{\sigma_2^2}{n_2}-2r\dfrac{\sigma_1}{\sqrt{n_1}}\cdot\dfrac{\sigma_2}{\sqrt{n_2}}}}$

IV. 자유도

1. 자유도란

자유도 (degree of freedom)	편차의 합이 0을 충족시키고, 평균을 유지하면서 자유스럽게 어떤 값도 가질 수 있는 사례수를 말함. 일반적으로 df 혹은 ν로 나타냄

○ 모집단의 분산계산식 $\sigma^2 = \frac{\sum(X_i - \mu)^2}{N}$ ○ 표본의 분산계산식 $S^2 = \frac{\sum(X_i - \overline{X})^2}{n-1}$	$\overline{X}$값에 의해 하나의 사례가 제한을 받기 때문에 총 사례수에서 1을 뺀 (n−1)을 분모에 사용함. 여기서 분모의 (n−1)을 자유도로 지칭함

Tip

df(자유도)=N(사례수)−1(통계적제한조건의 수)

※ 여기서는 $\overline{X}$에 의해 하나의 사례만 제한받으므로 통계적 제한조건의 수는 1이다.

1. 자유도란

자유도는 일반적으로 평균을 사용한 횟수 만큼을 뺀 나머지 사례수라 생각하자!!

제 8 장

t-검정

Ⅰ. t검정의 가정

1. t검정이란

t검정 (t-test)	모집단의 표준편차를 알지 못할 때 모집단에서 추출한 표본으로부터 추정된 표준편차를 가지고 검정하는 통계적 방법임

2. t분포의 특징

t분포의 특징

- 평균이 0이고 좌우대칭의 정규분포
- 표준편차가 1보다 큼
- 자유도에 따라 형태가 다른 가족분포 (family distribution)

$$f(t)=G(v)\left(1+\frac{t^2}{v}\right)^{-(v+1)/2}$$

여기서, $G(v)$: 자유도에 따른 상수

v : 자유도

3. t검정을 위한 가정

- 종속변수가 양적변수이어야 함
- 모집단의 표준편차(분산)를 알지 못할 때 사용함
- 모집단의 분포가 정규분포이어야 함
- 등분산 가정이 충족되어야 함
  (단, 충족되지 않을 경우 Welch-Aspin 검정 사용)

1. t검정이란

2. t분포의 특징

3. t검정을 위한 가정

Tip

T분포라고 하는건 수학자 고셋(Gosset)이 발표한 논문의 저자명에 student라고 적어서 그런 거랍니다.

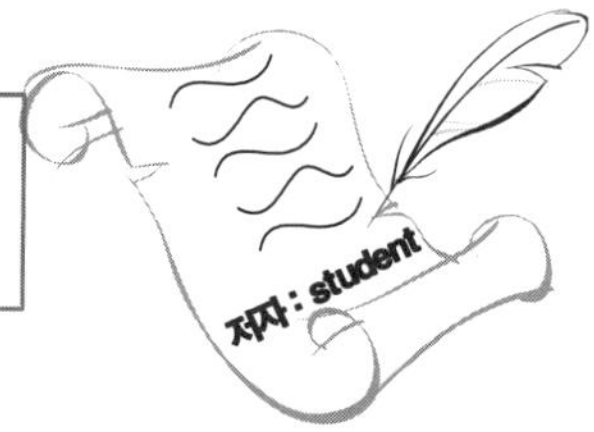

모 집단의 표준편차를 모르면 표본의 표준편차를 대신해서 쓰는데 표본의 크기가 작을수록 표준정규분포에서 벗어나지

가족분포
(Family distribution)는 자유도에 따라 분포 형태가 조금씩 달라지지만 전반적인 형태는 닮은 분포를 말함.

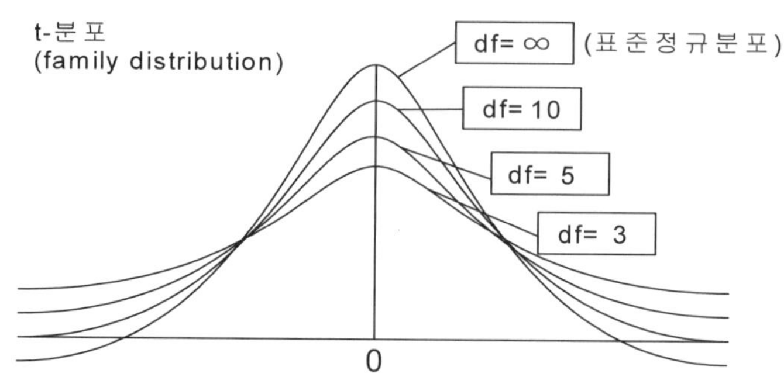

Ⅱ. 단일표본 t검정

단일표본 t검정 (one-sample t-test)	모집단의 분산을 알지 못할 때 모집단에서 추출한 표본의 평균과 연구자가 연구한 특정 값과 비교하는 통계적 검정 방법

Tip

예 제

H자동차 회사에서 새로 개발한 자동차 25대가 시속 100km로 달리는데 평균 7초 걸렸고 표준편차가 2.5초였다. 기존 자동차의 모집단 평균 10초와 같은지 유의수준 1%에서 검정하여라.

풀이

Step 1. 가설설정

$H_0: \mu = 10$초
$H_1: \mu \neq 10$초

Step 2. 유의수준

$(\alpha) = 0.01(1\%)$

Step 3. 유의수준에 따른 임계치

자유도(df) = n−1 = 25−1 =24

t분포표에 의해 t값은 ±2.797

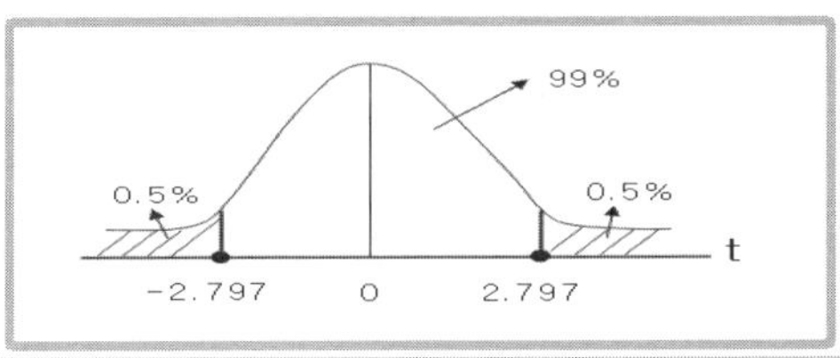

Step 4. 통계값

$$t = \frac{\overline{X} - \mu}{\frac{s}{\sqrt{n}}} = \frac{7 - 10}{\frac{2.5}{\sqrt{25}}} = -6$$

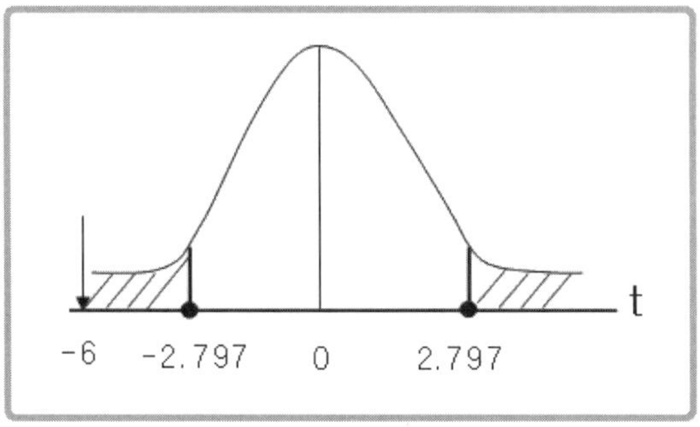

(t값이 −2.797보다 작은 값을 가지므로 귀무가설을 기각함)

Step 5. 결과해석

유의수준 1%에서 새로 개발된 자동차가 시속 100km에 도달하는 평균시간이 기존의 10초가 아닌 보다 짧은 것임을 알 수 있다.

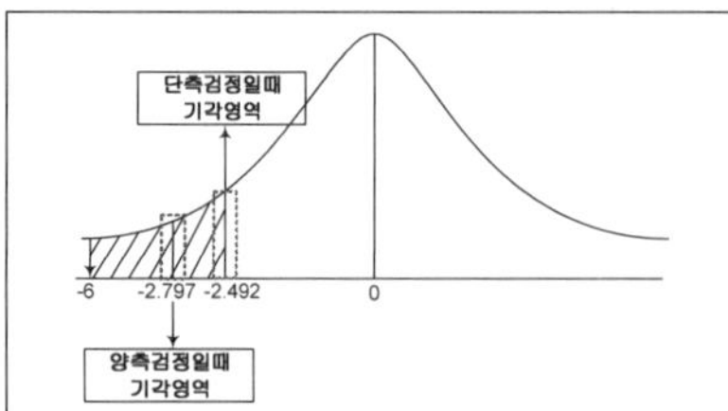

만약에, 단측검정으로 하는 경우는 왼쪽과 같이 귀무가설을 기각하는 영역이 넓어져서 기각하기가 더 유리해짐

III. 두 표본 t검정

1. 두 종속표본 t검정

1. 두 종속표본 t검정

두 종속표본 t검정 (two dependent samples t-test)	다른 두 모집단의 속성인 평균을 비교하기 위해 표본을 서로 종속적인 관계로 추출하여 표본의 평균을 비교함으로써 모집단간의 유사성을 검정하는 통계적 방법

두 종속표본 t검정 (짝 지어진 t검정) = **단일표본 t검정 (두 변수의 차이값)**

가설설정

$$H_o : \mu_1 = \mu_2 \rightarrow \mu_1 - \mu_2 = 0$$
$$H_1 : \mu_1 \neq \mu_2 \rightarrow \mu_1 - \mu_2 \neq 0$$

⬇

$$H_o : \mu d = 0$$
$$H_1 : \mu d \neq 0$$

예제

H학교 농구선수 5명의 맥박수를 운동 시합 전·후에 검사하여 운동이 맥박수에 영향을 미치는지 유의 수준 0.01에서 검정하여라.

구 분	시 합 전	시 합 후
1	162	168
2	173	176
3	172	176
4	155	155
5	160	167

풀이

Step 1. 가설설정

$H_0: \mu_1 = \mu_2$ $H_1: \mu_1 \neq \mu_2$	or	$H_0: \mu_d = 0$ $H_1: \mu_d \neq 0$

여기서, $\mu_d = \mu_1 - \mu_2$

Step 2. 유의수준

$(\alpha) = 0.01(1\%)$

Step 3. 유의수준에 따른 임계치

자유도(df)=n−1=5−1=4

t분포표→t값=±4.604

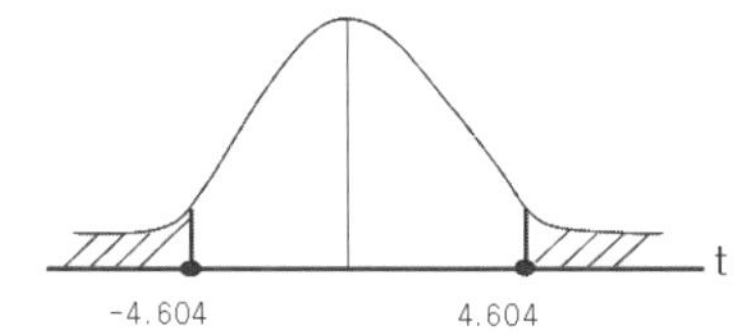

구 분	시 합 전	시 합 후	d(차이)
1	162	168	−6
2	173	176	−3
3	172	176	−4
4	155	155	0
5	160	167	−7

Step 4. 통계값

$$\bar{d} = \frac{-20}{5} = -4$$

$$S = \sqrt{\frac{\sum(d_i - \bar{d})^2}{n-1}} = 2.74$$

$$t = \frac{\bar{d}}{\frac{s}{\sqrt{n}}} = \frac{-4}{\frac{2.74}{\sqrt{5}}} = -3.26$$

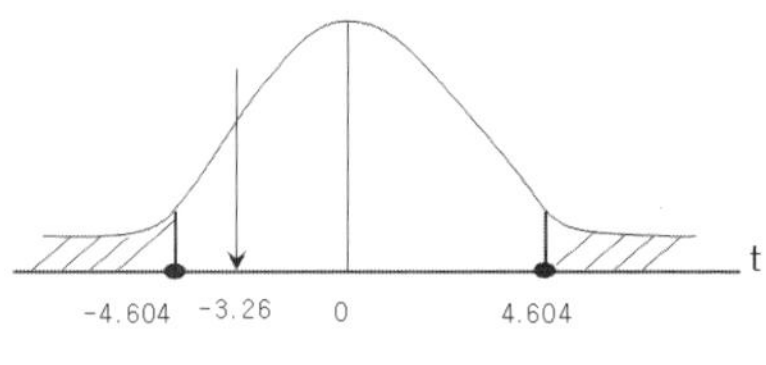

Step 5. 결과해석

유의수준 1%에서 운동 전·후의 맥박수는 영향이 없는 것으로 볼 수 있다.

2. 두 독립표본 t검정

2. 두 독립표본 t검정

두 독립표본 t검정 (two independent sample t-test)	두 모집단의 평균을 비교하기 위해 표본을 독립적으로 추출하여 표본의 평균을 비교함으로써 모집단간의 유사성을 검정하는 통계적 방법

① 표준오차 계산 시 통합분산(Sp)사용

$$S_{\overline{X_1}-\overline{X_2}} = \sqrt{\frac{S_1^2}{n_1}+\frac{S_2^2}{n_2}} = \sqrt{S_p^2\left(\frac{1}{n_1}+\frac{1}{n_2}\right)}$$

(두 표본으로부터 얻은 분산의 대표값으로 사용)

$$S_p^2 = \frac{(n_1-1)S_1^2+(n_2-1)S_2^2}{(n_1-1)+(n_2-1)}$$

② 자유도 계산

자유도(df)$= (n_1-1)+(n_2-1) = n_1 - n_2 - 2$

③ t값 계산

$$t = \frac{\overline{X_1}-\overline{X_2}}{S_{\overline{X_1}-\overline{X_2}}} = \frac{\overline{X_1}-\overline{X_2}}{\sqrt{S_p^2\left(\frac{1}{n_1}+\frac{1}{n_2}\right)}}$$

예 제

음주 후 반응시간과 정상상태의 반응시간에 차이가 있는지를 비교하고자 한다. 정상상태인 모집단에서 5명을 임의 추출하고 음주집단에서 6명을 무작위로 추출하였다. 유의수준 5%에서 두 집단의 반응시간의 차이가 있는지 검정하여라.

〈표〉 두 집단의 반응시간

정상집단	음주집단
5	12
6	10
7	13
5	9
7	10
	12

풀이

Step 1. 가설설정

$H_o: \mu_1 = \mu_2$

$H_1: \mu_1 \neq \mu_2$

Step 2. 유의수준

$(\alpha)=0.05(5\%)$

Step 3. 임계치(유의수준과 자유도에 의해 결정)

자유도(df)$=(n_1-1)+(n_2-1)=(5-1)+(6-1)=9$

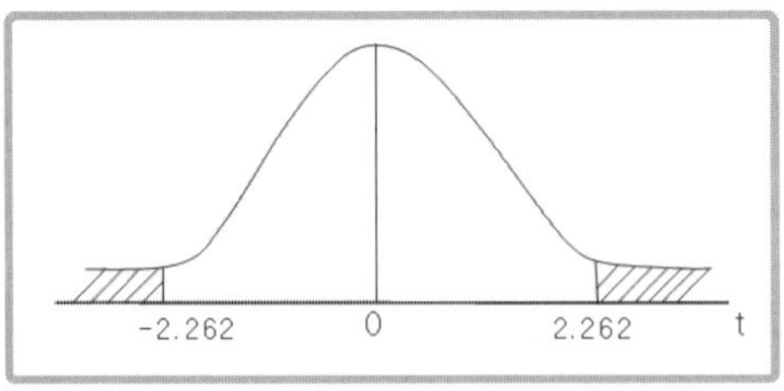

Step 4. 통계값

$$t = \frac{\overline{X_1} - \overline{X_2}}{S_{\overline{X_1} - \overline{X_2}}} = \frac{\overline{X_1} - \overline{X_2}}{\sqrt{S_p^2(\frac{1}{n_1} + \frac{1}{n_2})}}$$

$$S_p^2 = \frac{(n_1 - 1)S_1^2 + (n_2 - 1)S_2^2}{(n_1 - 1) + (n_2 - 1)}$$

두 집단 표본에서 각각 평균과 분산을 계산하면

$\overline{X_1}$=6, $\overline{X_2}$=11, S_1^2=1, S_2^2=2.40

$$S_p^2 = \frac{(5-1)(1) + (6-1)(2.4)}{(5-1) + (6-1)} = 1.78$$

$$S_{\overline{X_1} - \overline{X_2}} = \sqrt{1.78(\frac{1}{5} + \frac{1}{6})} = 0.81$$

$$t = \frac{\overline{X_1} - \overline{X_2}}{S_{\overline{X_1} - \overline{X_2}}} = \frac{6 - 11}{0.81} = -6.17$$

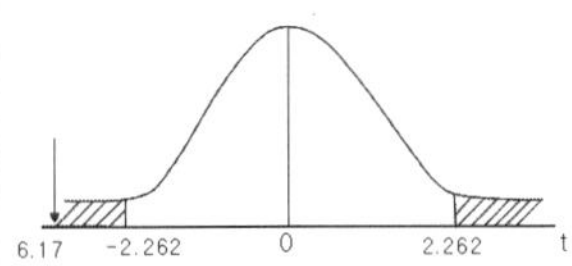

Step 5. 결과해석

t통계값이 −2.262보다 작으므로 귀무가설을 기각함. 따라서 유의수준 5%에서 음주집단과 정상집단의 반응시간 차이는 있다고 볼 수 있다.

Ⅳ. 실전예제

앞서 제 7 장까지는 기본적인 개념을 설명하였고, 제 8 장부터는 도시 및 교통에 많이 사용되는 실제 data의 입력에서 분석까지 spss통계 패키지를 이용하여 설명하는 코너를 두었음 (spss 12.0 Windows 버전 이용)

H자동차 회사에서 새로 개발한 자동차 25대가 시속 100km로 달리는데 아래〈표〉와 같은 시간이 걸렸다. 기존 자동차의 모집단 평균 10초와 같은지 유의수준 1%에서 검정하여라.

〈표〉 신차의 100km 도달시간

새로 개발한 차의 100km 도달시간(초)												
5	9	4	10	5	9	4	10	11	4	6	10	4
8	6	5	9	4	10	5	9	4	10	7	7	

풀이

spss 통계 패키지를 이용할 때 data의 입력은 엑셀을 사용하는 것이 편리함

① 엑셀에 다음의 data를 종방향으로 25개를 입력함

Tip

SPSS에서 불러들일 때 맨 첫 컬럼은 변수명으로 입력됨.
따라서, 첫 컬럼은 도달시간(초)라 입력하고 두 번째 컬럼부터 data를 입력해 나가야 함

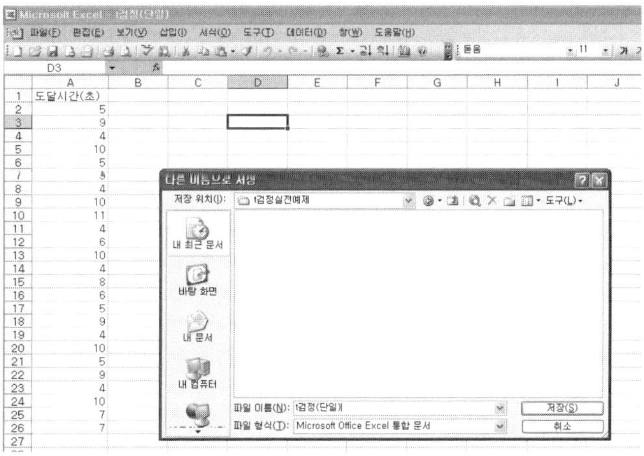

② spss에서 앞의 엑셀 입력파일을 불러옴

(open file에서 파일형식을 ▼를 눌러 All file(*.*), 파일명(.xls)을 선택하여 방금 저장한 excel 파일을 불러옴)

SPSS의 기본 창에는 Data view와 variable view가 있고, data view는 입력 data값을, variable view에서는 변수의 특성을 볼 수 있고 재 수정할 수 있음

③ Variable View에서 변수명과 소수점 이하 자리수를 0으로 하여 정수로 바꿔줌. 나머지 값들은 디폴트(default) 값을 그대로 적용함

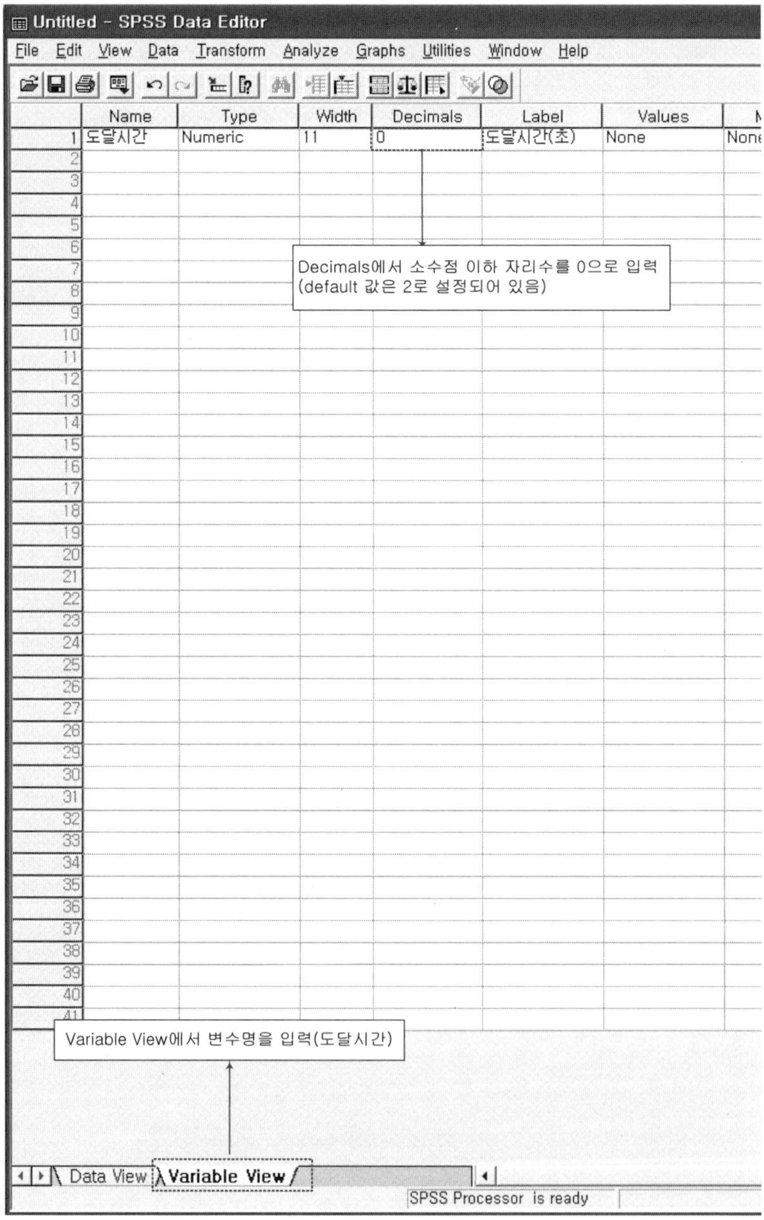

④ 이 예제는 단일표본 t검정으로 풀어야 하기 때문에 spss에서 Analyze → Compare means → One samples T Test 를 선택함

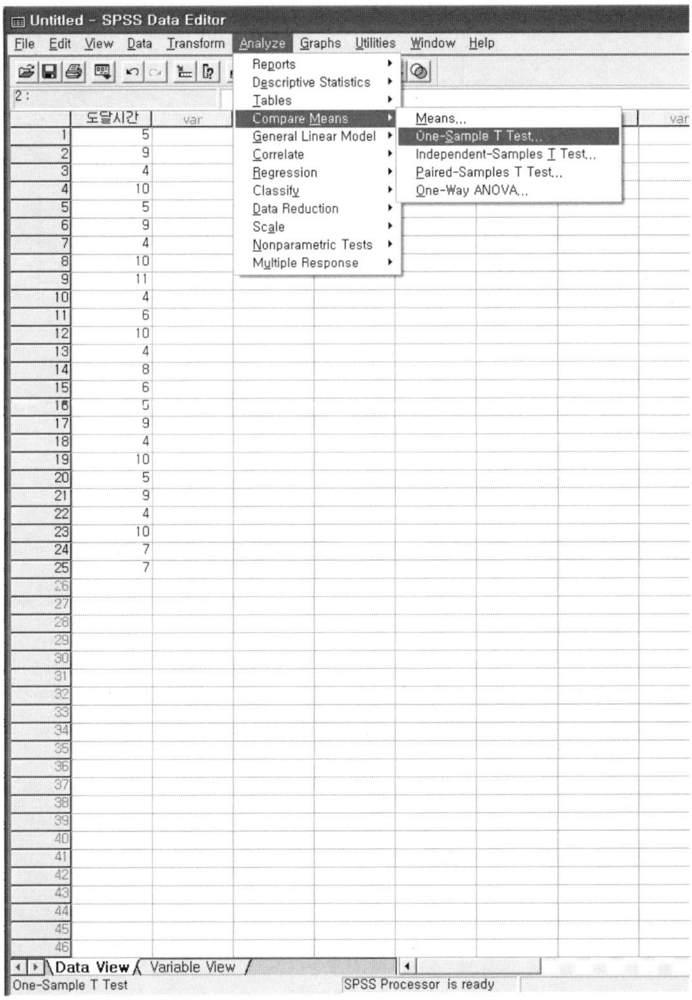

⑤ one-sample T-Test의 대화창이 나타나면 Test Value에 (10)을 입력함(이는 기존 자동차의 모집단 평균인 10초를 입력한 것)

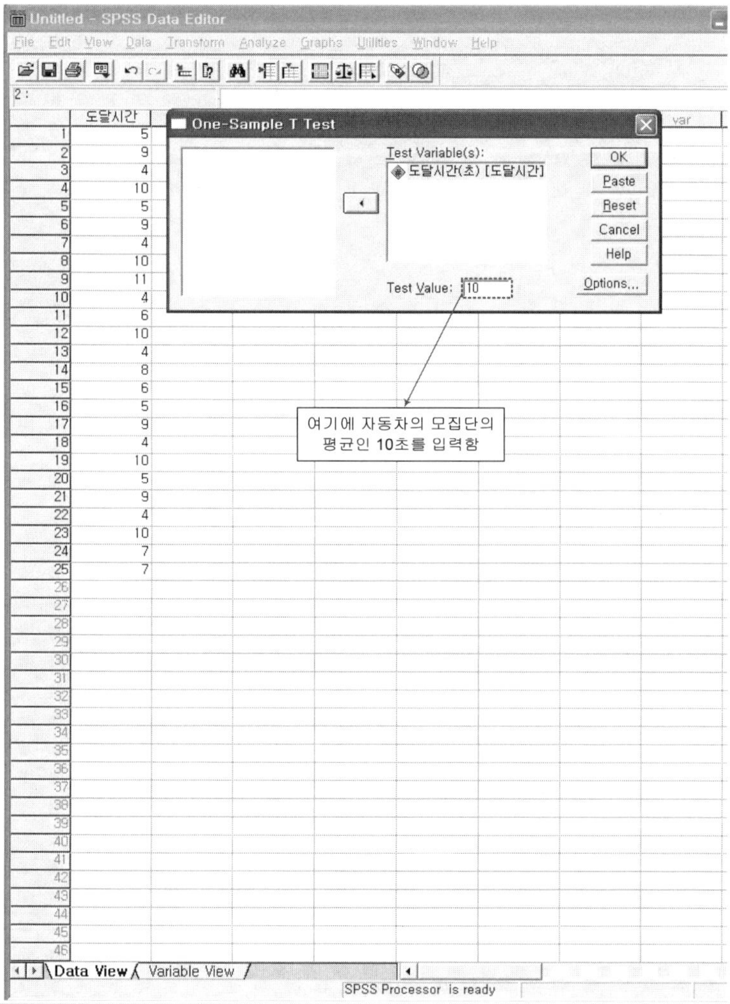

⑥ 다음은 options을 클릭해서 다음과 같은 대화상자가 나타나면 신뢰수준에 99%를 입력함(유의수준 1%를 입력하는 단계임) 그리고 Continue 를 클릭

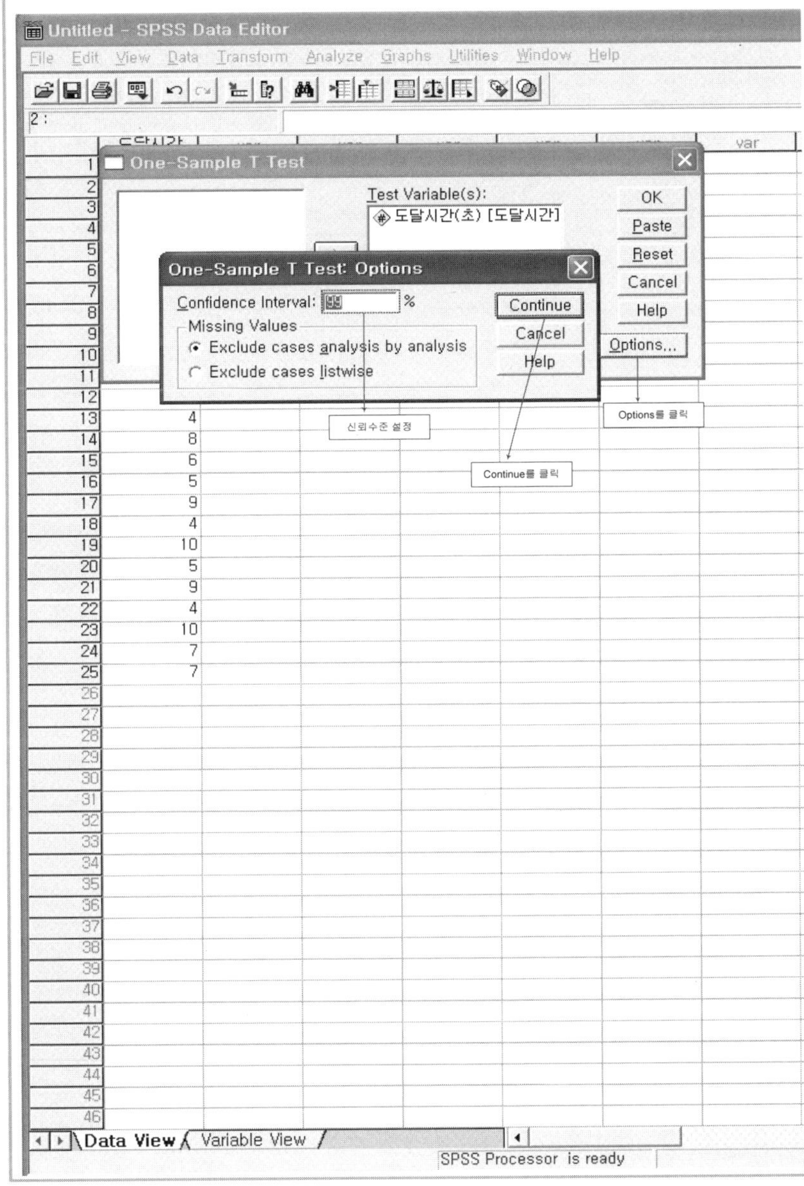

P값은 SPSS 등 통계패키지의 결과 해석시 임계치를 대신해서 판단할때 사용함

⑦ 다음 OK 버튼을 클릭하면 spss가 실행됨. 아래와 같은 output창이 뜸

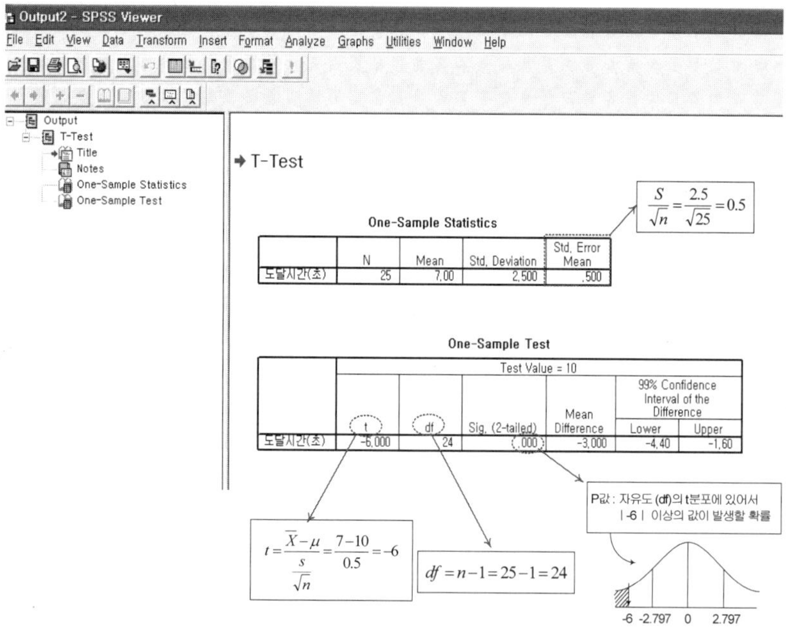

One-Sample Statistics

	N	Mean	Std. Deviation	Std. Error Mean
도달시간(초)	25	7.00	2.500	.500

One-Sample Test

	Test Value = 10					
	t	df	Sig. (2-tailed)	Mean Difference	99% Confidence Interval of the Difference Lower	Upper
도달시간(초)	-6.000	24	.000	-3.000	-4.40	-1.60

99% confidence interval of the Difference의 계산

$$\overline{X} - \tan\frac{\alpha}{2} \cdot \frac{s}{\sqrt{n}} \le \mu \le \overline{X} + \tan\frac{\alpha}{2} \cdot \frac{s}{\sqrt{n}}$$

(평균차) (평균차)

$$-3.0 - 2.797 \cdot \frac{2.5}{\sqrt{25}} \le \mu \le -3.0 + 2.797 \cdot \frac{2.5}{\sqrt{25}}$$

$$-4.40 \le \mu \le -1.60$$

⑧ 결과해석

제 8 장 II 단일표본 t검정의 예제와 같은 예제임. 따라서 직접 계산한 것과 spss에서 계산한 결과는 동일함

직접 계산	spss 이용 계산
1. 가설설정 H_0 : μ = 10초 H_1 : $\mu \neq$ 10초	⑤ Test value에 10을 입력함
2. 유의수준 α = 0.01(1%)	⑥ option에서 신뢰수준 (confidence interval)에 99% 입력
3. 유의수준에 따른 임계치 자유도(df)=24 t = ±2.797	⑦ output 창에 sig.(2-tailed)에 0.0000이란 P값으로 출력
4. 통계값 $t = \frac{\overline{X} - \mu}{\frac{s}{\sqrt{n}}} = \frac{7-10}{0.5} = -6$	⑦ output창에 t에 -6.0으로 나타나고 p값으로 기각 여부확인 p=0.000<0.01(귀무가설 기각)
5. 결과해석 유의수준 1%에서 신차가 기존차에 비해 시속 100km/h에 도달하는 시간이 같지 않음	⑦ p값이 0.01보다 작아 귀무가설을 기각하여 신차의 100km/h 도달시간은 기존 차와 같지 않다

손으로 가설검증이 가능하면 SPSS등 통계패키지를 쉽게 이해할 수 있다.

Tip

P-값은 Probability로 통계패키지의 결과값 해석시 임계치의 역할을 함. P값은 귀무가설(null hypotheis)을 기각 시킬 수 있는 유의수준 α에서의 최소 검정 통계값의 확률
(P-value is the smallest level of significance α that leads to rejection of null hypotheis)

예제 **유의수준 5%에서 계산된 통계값의 P값이 0.01 었다면 귀무가설은 기각됨**

유의수준 ≤ P값 : 귀무가설 기각
유의수준 > P값 : 귀무가설 채택

통계분석을 하기 위한 사전지식

1. 연구의 분석 목적을 파악하라
2. data 구조를 이해하라
   (명목, 서열척도 등)
3. 각 분석 방법에서의 input 구조를 숙지하라
4. 각 통계분석의 기본개념을 숙지하라
5. output 해석 방법을 이해하라

실전 예제

H학교의 농구선수 5명의 맥박수를 운동시합 전·후에 검사하여 운동이 맥박수에 영향을 미치는지 유의수준 0.01에서 검정하여라.

〈표〉 시합 전·후의 맥박수

구분	시합 전	시합 후
1	162	168
2	173	176
3	172	176
4	155	155
5	160	167

풀이

같은 대상의 전 · 후를 분석하기 위한 것은 짝지어진 t검정 (paired samples T Test)으로 풀이됨

① data를 엑셀이나 직접 spss에 입력하고 Analyze → Compare means → Paired samples T Test 를 선택함

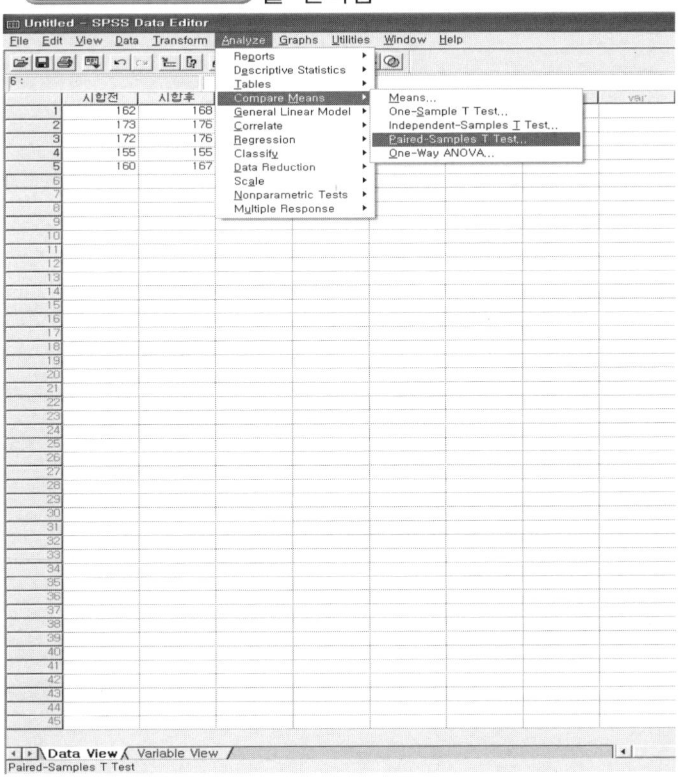

② 대응변수를 선택하는 대화창이 나타남. 두 변수(시합전, 시합후)를 ▶를 이용하여 이동시킴

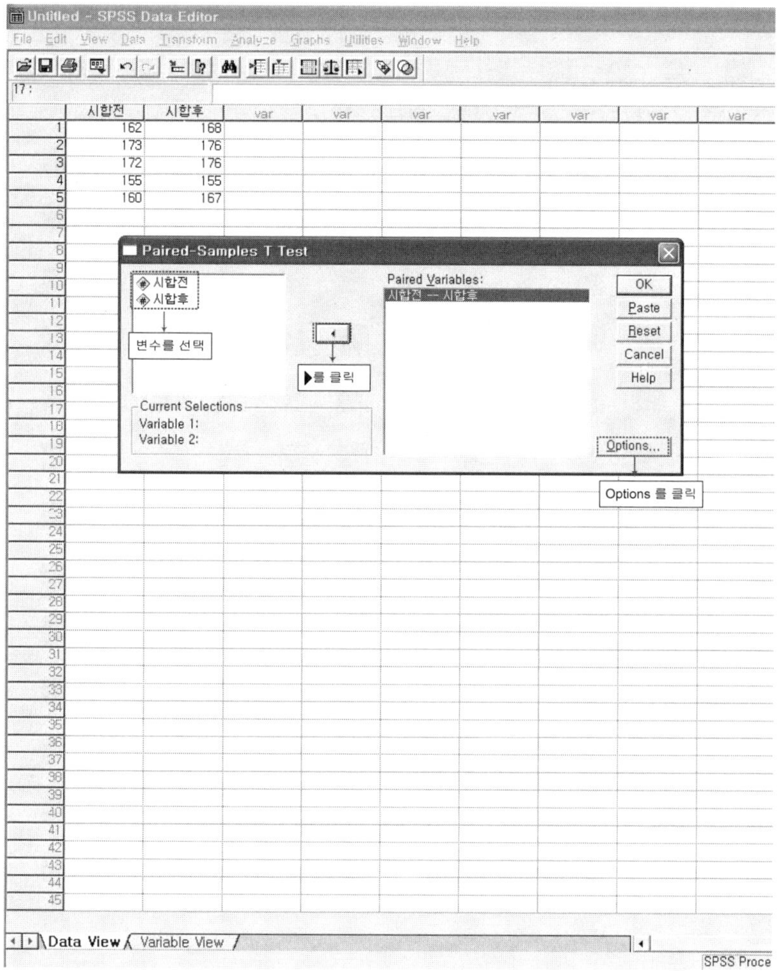

③ option을 선택하여 신뢰구간에 99%를 입력함(유의수준 0.01에서 검정) 그 후 다음 Continue를 클릭함

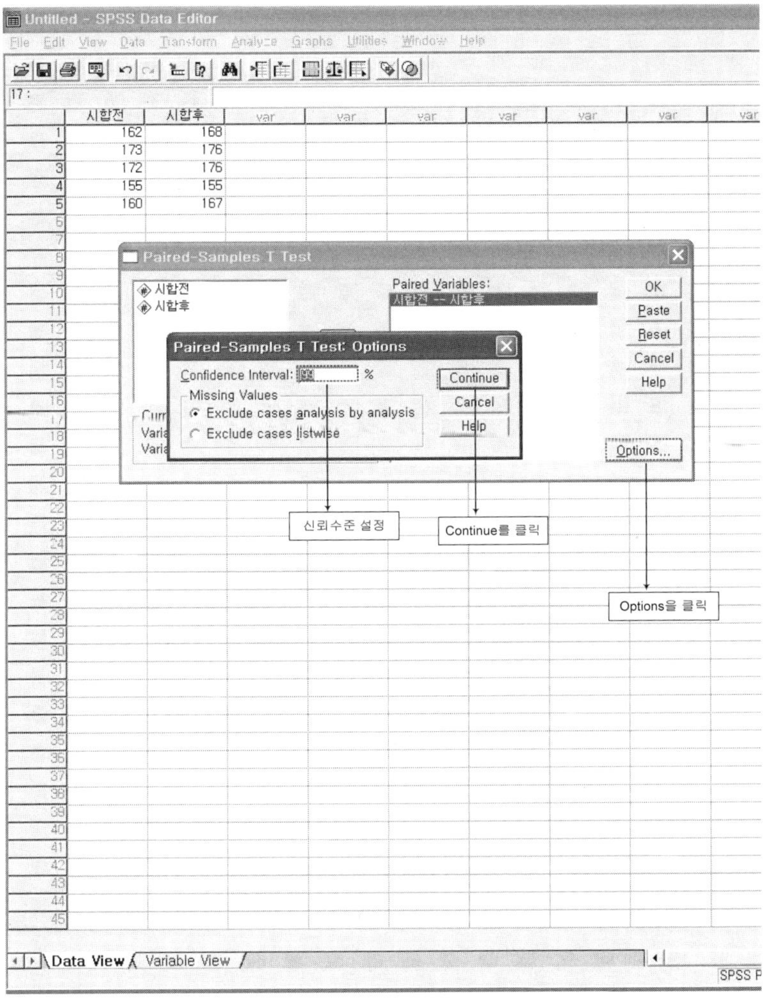

④ OK 를 클릭하면 output 화면이 나타남. 결과 값은 다음과 같이 3가지로 보여짐

- 표본의 기술 통계값(평균, 표준편차 등)
- 두 표본의 상관계수 값
- t 통계값과 p값

➡ T-Test

Paired Samples Statistics

		Mean	N	Std. Deviation	Std. Error Mean
Pair 1	시합전	164.40	5	7.829	3.501
	시합후	168.40	5	8.620	3.855

$\frac{7.829}{\sqrt{5}}$

Paired Samples Correlations

	N	Correlation	Sig.
Pair 1 시합전 & 시합후	5	.949	.014

상관계수 값으로 -1과 1에 가까울 수록 두 변수의 상관관계가 높음

Paired Samples Test

	Paired Differences					t	df	Sig. (2-tailed)
	Mean	Std. Deviation	Std. Error Mean	99% Confidence Interval of the Difference Lower	Upper			
Pair 1 시합전 - 시합후	-4.000	2.739	1.225	-9.639	1.639	-3.266	4	.031

t 통계값

df = 5-1

$H_o : \mu_1 = \mu_2$
$H_1 : \mu_1 \neq \mu_2$

⇩

(p값(0.031) > 유의수준(0.01)
귀무가설을 채택함

⑤ 결과해석

p값이 0.031로 유의수준 0.01보다 크기 때문에 귀무가설을 채택 유의수준 1%에서 운동 전·후의 맥박 수는 영향이 없다.

(※ 참조 : 앞 Ⅲ. 두 표본 t 검정의 1. 두 종속 표본 예제 풀이 비교)

실전 예제

음주 후 반응시간과 정상상태의 반응시간에 차이가 있는지 비교하고자 한다. 정상상태인 모집단에서 5명을 임의 추출하고 음주집단에서 6명을 무작위 추출하였다. 유의수준 5%에서 두 집단의 반응시간의 차이가 있는지 검정하여라.

풀이

이 예제는 두 독립표본 t검정으로 풀이됨

① data를 엑셀이나 직접 SPSS에 입력함

(여기서, 입력할 때 반응속도, 집단구분 형식임을 상기해야 함)

Analyze → Compare means → Independent sample T Test

선택

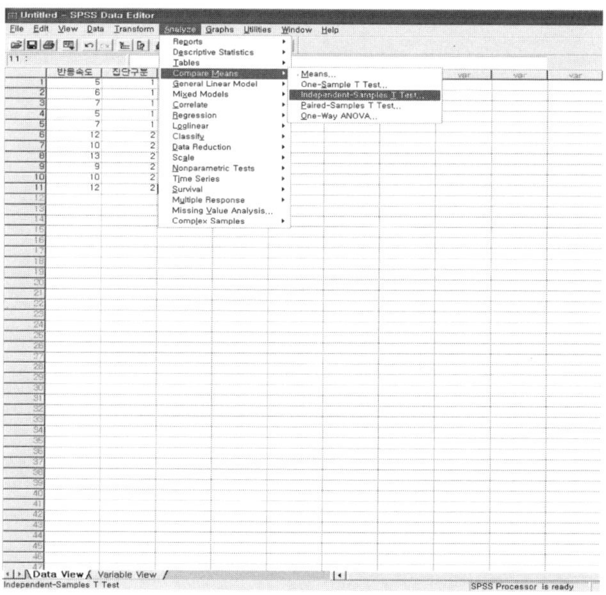

② 변수를 선택하는 단계로 검정변수(test variables)에 반응속도를 집단변수(Grouping variable)에 집단구분을 선택함

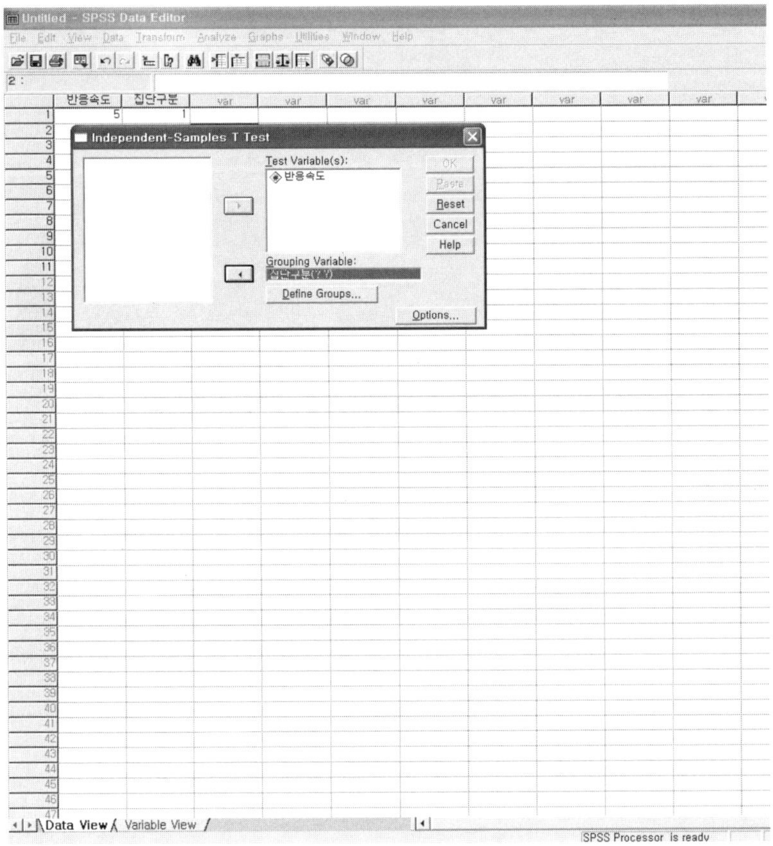

③ 집단을 정의하는 단계임

Define Groups를 클릭하고 Group 1에 2를 Group 2에 2를 입력(1 : 정상집단, 2 : 음주집단) 그 후 Continue를 클릭함

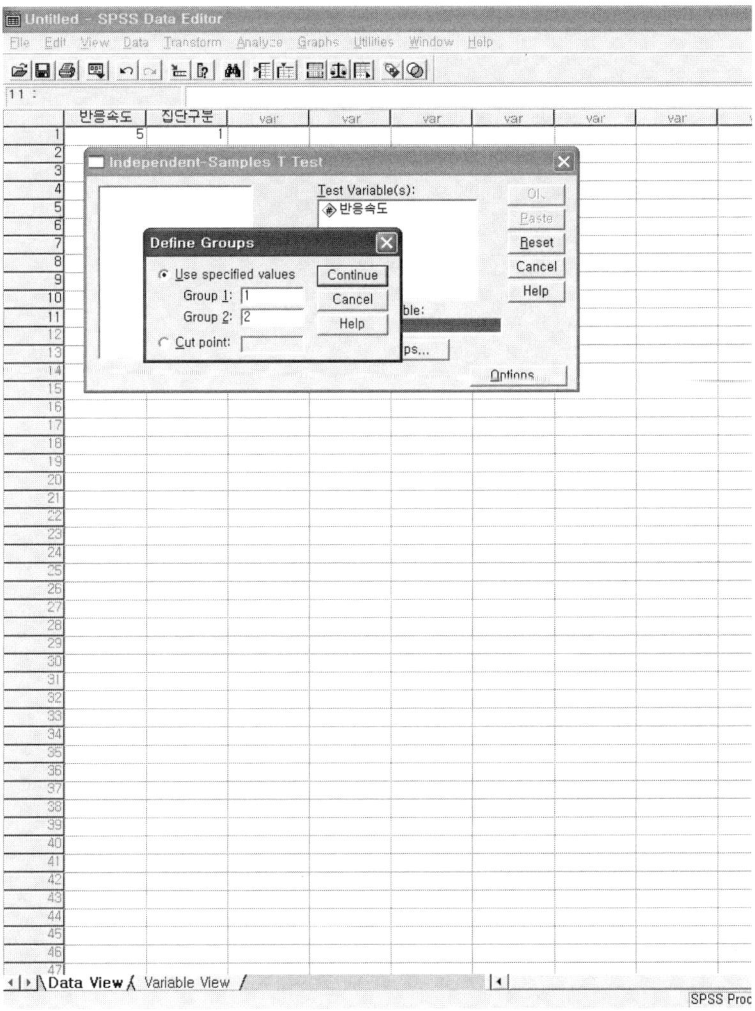

④ Options을 클릭하여 신뢰구간 95%를 입력함(유의수준 5%에서 검정) 그 후 Continue를 클릭함

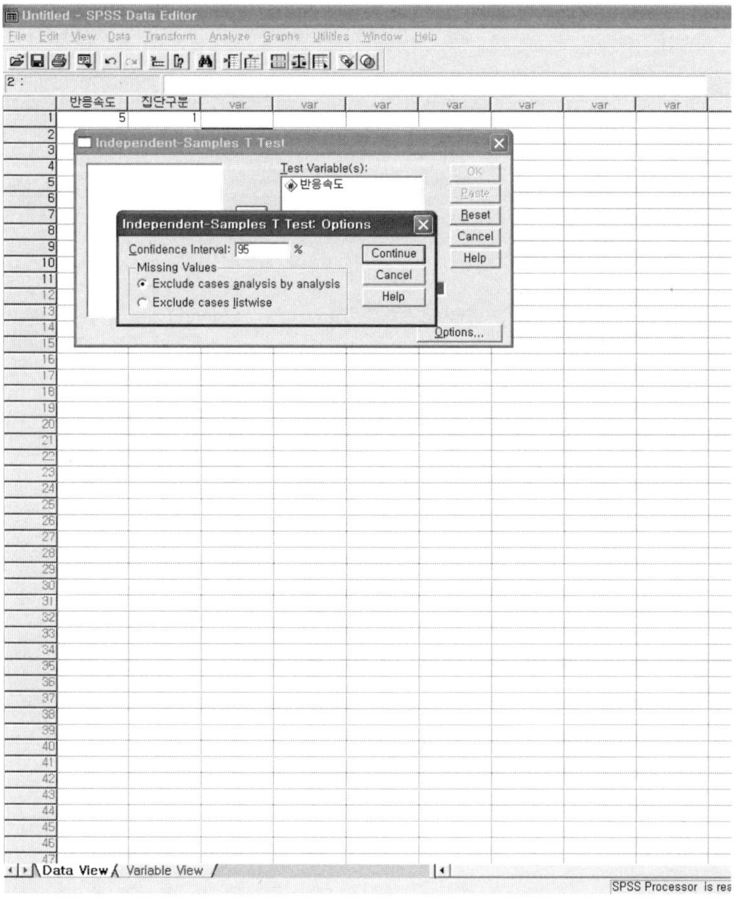

⑤ OK 를 클릭하면 output이 나타남. 집단 1은 정상집단, 집단 2는 음주집단의 반응속도에 대한 기술통계량과 집단비교 값들임

T-Test

Group Statistics

	집단구분	N	Mean	Std. Deviation	Std. Error Mean
반응속도	1	5	6.00	1.000	.447
	2	6	11.00	1.549	.632

$\frac{S}{\sqrt{n}} = \frac{1}{\sqrt{5}}$

Independent Samples Test

df=n1+n2−2=5+6=9

등분산(두독립표본t검정)		Levene's Test for Equality of Variances		t-test for Equality of Means						
									95% Confidence Interval of the Difference	
		F	Sig.	t	df	Sig. (2-tailed)	Mean Difference	Std. Error Difference	Lower	Upper
반응속도	Equal variances assumed	3.273	.104	-6.193	9	.000	-5.000	.807	-6.826	-3.174
	Equal variances not assumed			-6.455	8.571	.000	-5.000	.775	-6.766	-3.234

이분산(wech-aspin 검정)

F값에 대한 유의 확률값 : 0.104>0.05(귀무가설 채택)
따라서 등분산이라 할 수 있음

$\begin{pmatrix} H_o : \sigma_1^2 = \sigma_2^2 \\ H_1 : \sigma_1^2 \neq \sigma_2^2 \end{pmatrix}$

0.000<0.05(귀무가설 기각)

$\begin{pmatrix} H_o : \mu_1 = \mu_2 \\ H_1 : \mu_1 \neq \mu_2 \end{pmatrix}$

$\frac{S_1^2}{S_2^2}$ (등분산 가정을 만족하는지 검정)

Tip

F값의 유의확률값 P≤0.05 ⇒ 등분산이 아님
(Welch−aspin검정)
P>0.05 ⇒ 등분산
(두 독립표본 t검정)

⑥ 결과해석

t값의 유의확률 P값이 0.0000이 유의수준 0.05보다 작으므로 귀무가설이 기각됨. $\begin{pmatrix} H_o : \mu_1 = \mu_2 \\ H_1 : \mu_1 \neq \mu_2 \end{pmatrix}$

따라서 유의수준 5%에서 정상집단과 음주집단이 같다고 볼 수 없음.

제 9 장

χ^2-검정

Ⅰ χ^2- 분포

Ⅱ 동질성 연구

Ⅲ 상관성 연구

Ⅳ 실전예제

Ⅰ. χ^2-분포

1. χ^2-분포란

χ^2 분포란	• χ^2분포는 Z분포의 표준점수를 제곱하여 만들어진 분포임. (항상 양의 값만 가짐)

$$
\begin{aligned}
x_n^2 &= Z_{X_1}^2 + Z_{X_2}^2 + \cdots + Z_{Xn}^2 \\
&= \sum Z_{X_n}^2 \\
&= \sum\left(\frac{X_i-\mu}{\sigma}\right)^2 \\
&= \sum\frac{(x_i-\mu)^2}{\sigma^2} \\
&\left(\begin{aligned} \because S^2 &= \frac{\sum(X_i-\overline{X})^2}{n-1} \\ \sum(X_i-\overline{X})^2 &= (n-1)S^2 \end{aligned}\right) \\
&= \sum_{i=1}^{n}\frac{(n-1)S^2}{\sigma_i^2}
\end{aligned}
$$

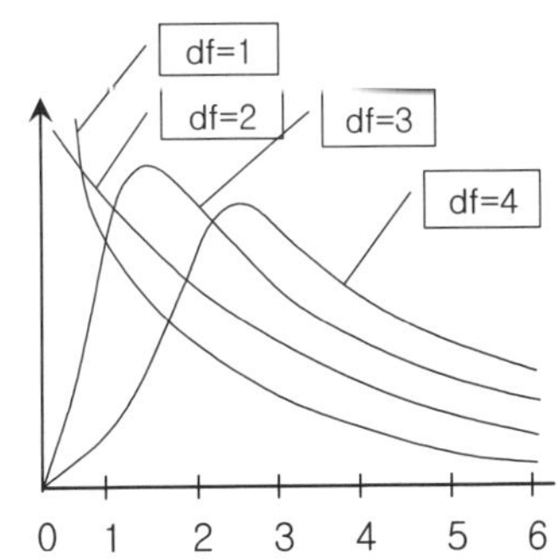

[그림] 자유도에 따른 χ^2분포

1. χ^2-분포란

● Karl Pearson의 χ^2의 통계값

$$\chi^2 = \sum_{j=1}\sum_{i=1}\frac{(f_{ij}-F_{ij})^2}{F_{ij}}$$

여기서, i = 범주

j = 집단

f_{ij} = 획득빈도

F_{ij} = 기대빈도

Karl Pearson은 영국의 피어슨파 수리통계학의 창시자, 생물통계학의 선구자로서 인류의 유전에 관한 통계분석으로 유명하다.

2. χ^2-검정

2. χ^2-검정

χ^2 검정이란	• 집단별 차이를 파악하고자 하는 경우에 명목척도들간에 측정된 두 변수들간에 어떤 관계가 있는지 알아보고자 하는 통계분석 기법

3. χ^2-검정의 가정과 목적

자료에 대한 척도의 이해가 어떤 통계분석이 가능한지를 판단할 수 있다.

3. χ^2-검정의 가정과 목적

가 정	목 적
• 종속변수가 명명변수에 의한 질적변수 이거나 최소한 범주변수이어야 함. • 각 범주에 포함되는 획득도수(빈도)와 기대도수(빈도)가 있어야 함 • 각 도수는 서로 독립적이어야 함.	• 집단간 차이가 유사한가를 검정하는 동질성 연구 • 한 모집단에서 두 변수를 관찰하여 두 변수가 서로 관계가 있는지를 검정하는 상관성 연구가 있음.

II. 동질성 연구

1. 동질성 연구란

χ^2 검정에는 동질성 연구와 상관성 연구가 있다.

1. 동질성 연구란(homogeneity)

동질성 연구 (homogeneity)	• 여러 모집단의 속성이 같은지를 알아보려는 연구로 Karl Pearson에 의해 제안됨.

Tip

동질성 연구에는 두 집단 동질성 연구와 다 집단 동질성 연구로 나누어지는데 본 서에서는 두 집단 동질성 연구만을 다루도록 할 거에요!!

예 제

고속도로의 효율성을 높이기 위해 우리나라에서도 독일의 아우토반과 같이 승용차의 속도를 규제하지 않는다고 할 때, 성인 남·여간의 찬반 여부에 따라 차이가 있는지 유의수준 5%에서 검정하여라.

풀이

성인 남·여의 찬반에 대해 설문조사를 통하여 얻어진 획득도수의 결과는 다음과 같다.

집단(j) / 범주(i)	남 자	여 자	합 계
찬 성	420(f11)	230(f12)	650(f1 ·)
반 대	180(f21)	270(f22)	450(f2 ·)
합 계	600(f · 1)	500(f · 2)	1100(f · ·)

연구과정에서 얻은 획득도수(획득빈도)

응답범주의 획득도수(주변도수)

- **Step 1 : 가설설정**

$$H_0 : P_{ij} = P_{ij}'$$

$$H_1 : P_{ij} \neq P_{ij}'$$

전체 1,100명 중 59%에 해당하는 650명이 찬성하므로 만약 성인 남·여간의 차이가 없으려면,

→ 성인 남자의 표본에서는 59%가 찬성하고 또한,

→ 성인 여자의 표본에서는 59%가 찬성할 것이다.

> 귀무가설 하에서 얻어질 것이라 기대되는 사례수는 기대도수(기대빈도)라 하며, F_{ij}로 표기
> (주의 : 획득빈도는 f_{ij}로 표기)

● 기대도수 구하기

집단(j) / 범주(i)	남 자	여 자	합 계
찬 성	354.55	295.45	650
반 대	245.55	204.55	450
합 계	600	500	1100

$600 \times \frac{650}{1100}$

$500 \times \frac{650}{1100}$

• **Step 2 : 유의수준(α)=0.05**

χ^2**의 자유도 = (i−1)(j−1)=(2−1)(2−1)=1**

여기서, i : 행, j : 열

• **Step 3 : 임계치**

χ^2**분포표 이용 →** $\chi^2_{0.05}(1)$**=3.841**

• **Step 4 : 통계값**

$$x^2 = \sum_{i=1}\sum_{j=1}\frac{(f_{ij} - F_{ij})^2}{F_{ij}}$$

$$= \frac{(420-354.55)^2}{354.55} + \frac{(230-295.45)^2}{295.45} + \frac{(180-245.55)^2}{245.55} + \frac{(270-204.55)^2}{204.55}$$

$$= 64.98$$

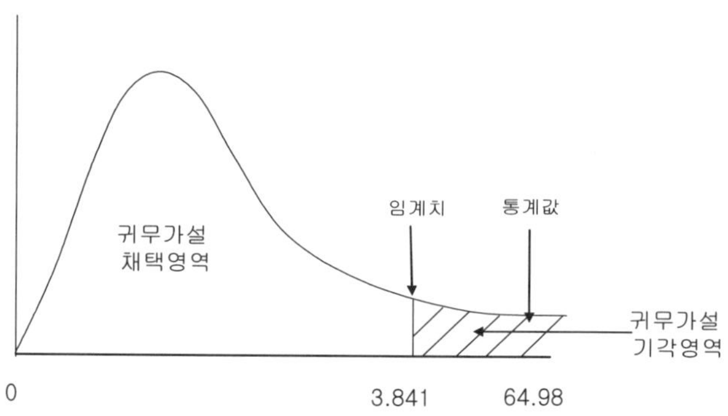

→ 통계값이 임계치보다 크므로 귀무가설을 기각하고 대립가설을 채택하게 됨.

• **Step 5 : 결과해석**

유의수준 5%에서 속도규제에 대한 성인 남·여 집단의 찬성비율을 다르다고 볼 수 있다.

Ⅲ. 상관성 연구

1. 상관성 연구

1. 상관성 연구

상관성 연구	· 한 모집단으로부터 추출된 질적 변수들이 서로 관계가 있는지를 검정하는 방법

2 × 2 분할표	I × J 분할표
∅ 계수 검정	Carmer V 계수 검정
∅ 계수 값 계산 $\varnothing = \sqrt{\frac{\chi^2}{n}}$ n : 사례수	Carmer V 계수 값 계산 $V - \sqrt{\frac{\chi^2}{mn}}$ n : 사례수 m : (i−1)과 (j−1)의 자유도 중 작은수

예 제

서울시에 거주하는 30세 이상 성인 집단에서 100명의 표본을 추출하여 행정수도 이전에 대한 찬반을 물었다.
유의수준 5%에서 남·여 성별에 찬반의 차이는 있는가?

성인 남·여의 찬반에 대해 설문조사를 통하여 얻어진 획득도수의 결과는 다음과 같다.

i \ j	남 자	여 자	합 계
찬 성	12	10	22
반 대	40	38	78
합 계	52	48	100

풀이

- **Step 1 : 가설설정**

  H_0 : **성별과 행정수도 이전에 대한 응답은 관계가 없다.**

  H_1 : **성별과 행정수도 이전에 대한 응답은 관계가 있다.**

● 기대도수 구하기

i \ j	남 자	여 자	합 계
찬 성	11.44	10.56	22
반 대	40.56	37.44	78
합 계	52	48	100

11.44 $= 52 \times \frac{22}{100}$

10.56 $= 48 \times \frac{22}{100}$

- **Step 2 : 유의수준(α)=0.05**

  χ^2의 자유도 = (i−1)(j−1)=(2−1)(2−1)=1

  여기서, i : 행, j : 열

- **Step 3 : 임계치**

  χ^2분포표 이용 → $\chi^2_{0.05}(1)$=3.841

- **Step 4 : 통계값**

2×2분할표이기 때문에 $\varnothing$ 계수를 이용함.

$$\varnothing = \sqrt{\frac{\chi^2}{n}}$$

$$\chi^2 = \sum_{i=1}\sum_{j=1}\frac{(f_{ij} - F_{ij})^2}{F_{ij}}$$

$$\frac{(12-11.44)^2}{11.44} + \frac{(10-10.56)^2}{10.56} + \frac{(40-40.56)^2}{40.56} + \frac{(38-37.44)^2}{37.44}$$

$$\varnothing = \sqrt{\frac{0.073}{100}} = 0.27$$

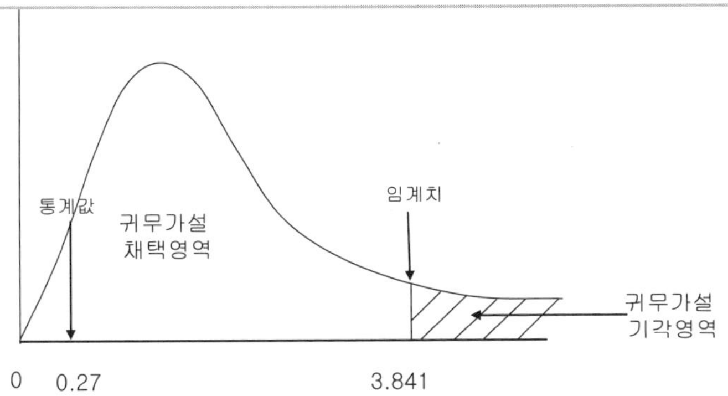

→ 통계값이 임계치보다 작으므로 귀무가설을 채택하게 됨.

- Step 5 : 결과해석

유의수준 5%에서 성별과 행정수도 이전에 대한 찬반의 차이가 없다고 볼 수 있다.

IV. 실전예제(SPSS 활용)

예제

최근의 정부정책으로 발표한 재건축아파트의 개발이익환수방안에 대한 찬반을 물었다. 유의수준 5%에서 강남·강북 주민간에 찬·반의 차이가 있는지 검정하여라.
주민들의 찬반에 대한 설문조사를 통하여 얻어진 획득도수의 결과는 다음과 같다.

i \ j	찬 성	반 대	합 계
강 북	7	3	10
강 남	2	8	10
합 계	9	11	20

풀이

① SPSS에 직접 data를 입력한다. SPSS data editor는 Data view와 Variable view로 나누어져 있다.

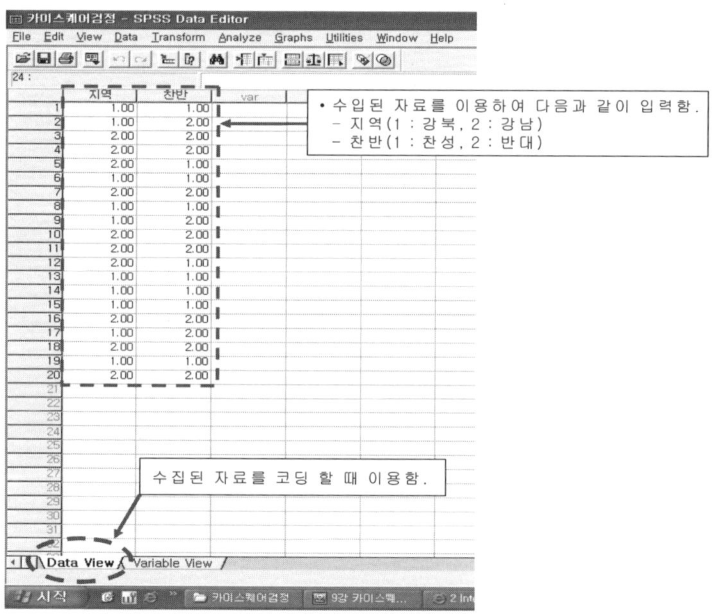

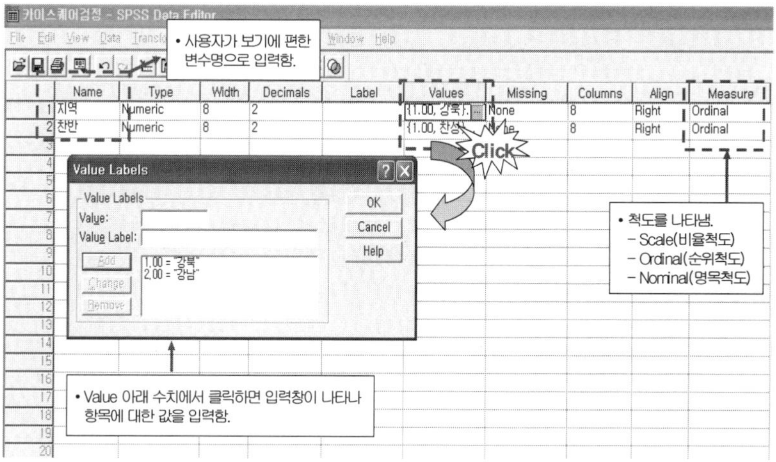

② 교차분석을 하기 위해 탑메뉴에서 다음과 같이 실행함

탑메뉴 → Statistics→Descriptive Statistics→Crosstab

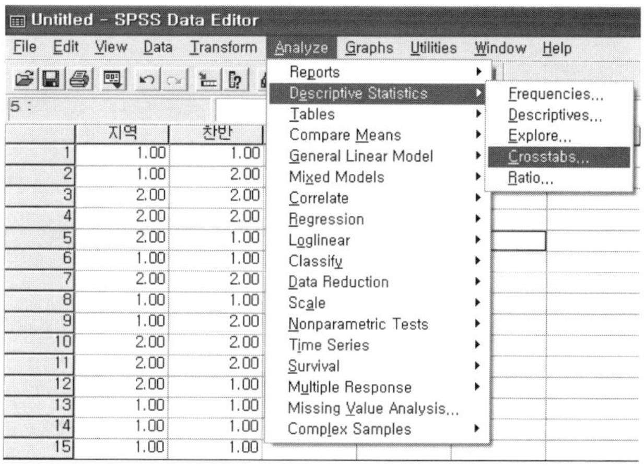

③ 열(ROW)과 행(Colume)에 들어갈 변수를 선택하여 이동

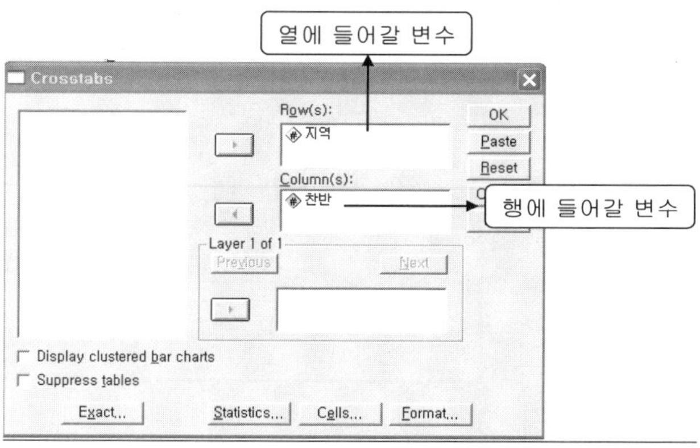

④ 교차분석 통계량(Statistics) 대화상자로 이동

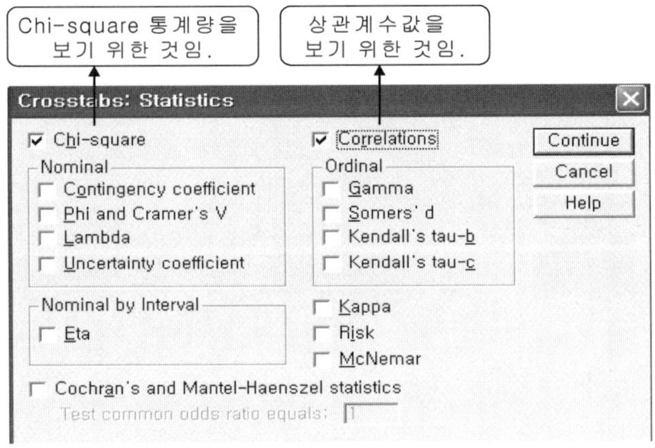

⑤ 교차분석 셀 표시(Cell) 대화상자로 이동

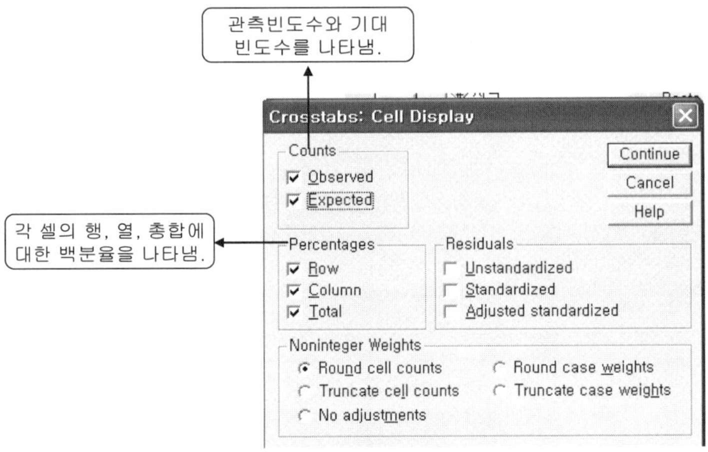

⑥ 교차분석 포맷(Format) 대화상자로 이동

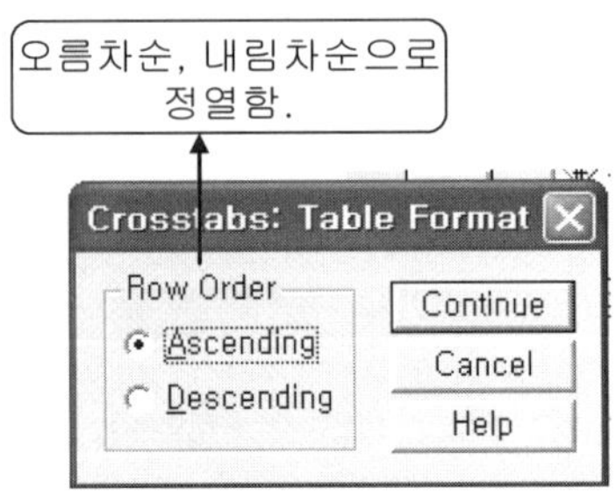

⑦ OK 클릭하여 분석을 실행함

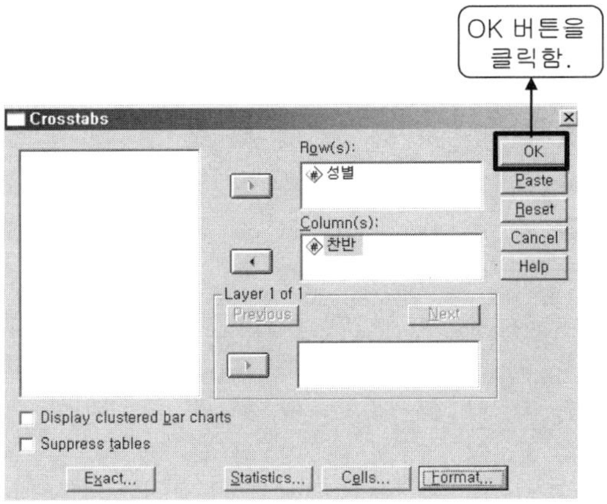

⑧ 결과해석

Case Processing Summary

	Cases					
	Valid		Missing		Total	
	N	Percent	N	Percent	N	Percent
성별 * 찬반	20	100.0%	0	.0%	20	100.0%

표본수는 20개이고 무응답치는 0개로 총 표본수는 20개임.

지역 * 찬반 Crosstabulation

			찬반		Total
			찬성	반대	
지역	강북	Count	7	3	10
		Expected Count	4.5	5.5	10.0
		% within 지역	70.0%	30.0%	100.0%
		% within 찬반	77.8%	27.3%	50.0%
		% of Total	35.0%	15.0%	50.0%
	강남	Count	2	8	10
		Expected Count	4.5	5.5	10.0
		% within 지역	20.0%	80.0%	100.0%
		% within 찬반	22.2%	72.7%	50.0%
		% of Total	10.0%	40.0%	50.0%
Total		Count	9	11	20
		Expected Count	9.0	11.0	20.0
		% within 지역	45.0%	55.0%	100.0%
		% within 찬반	100.0%	100.0%	100.0%
		% of Total	45.0%	55.0%	100.0%

표에서 행(Row)인 지역별 개발이익환수방안에 대한 찬, 반여부를 살펴보면 강북의 경우 찬성 7표, 반대 3표로 나타났으며, 강남의 경우 찬성 2표, 반대 8표로 나타났음.

Chi-Square Tests

	Value	df	Asymp. Sig. (2-sided)	Exact Sig. (2-sided)	Exact Sig. (1-sided)
Pearson Chi-Square	5.051[b]	1	.025		
Continuity Correction[a]	3.232	1	.072		
Likelihood Ratio	5.300	1	.021		
Fisher's Exact Test				.070	.035
Linear-by-Linear Association	4.798	1	.028		
N of Valid Cases	20				

a. Computed only for a 2x2 table

b. 2 cells (50.0%) have expected count less than 5. The minimum expected count is 4.50.

카이스퀘어 검증결과를 보여주고 있는데 피어슨(Pearson)의 카이스퀘어값은 5.051 이고 자유도가 1 일 때 p값은 0.025로 유의수준 0.05이내에서 유의한 것으로 나타났음. 따라서 귀무가설을 기각하여 개발이익환수방안에 대한 지역별 찬반에는 차이가 있는 것으로 나타났음.

예 제

고속도로의 효율성을 높이기 위해 우리나라에서도 독일의 아우토반과 같이 승용차의 속도를 규제하지 않는다고 할 때, 성인 남·여간의 찬반 여부에 따라 차이가 있는지 유의수준 5%에서 검정하여라.

운전자들의 찬반에 대한 설문조사를 통하여 얻어진 획득도수의 결과는 다음과 같다.

i \ j	남 자	여 자	합 계
찬 성	42	23	65
반 대	18	27	45
합 계	60	50	110

풀이

① 교차분석을 하기 위해 탑메뉴에서 다음과 같이 실행함

탑메뉴 → Statistics→Descriptive Statistics→Crosstab

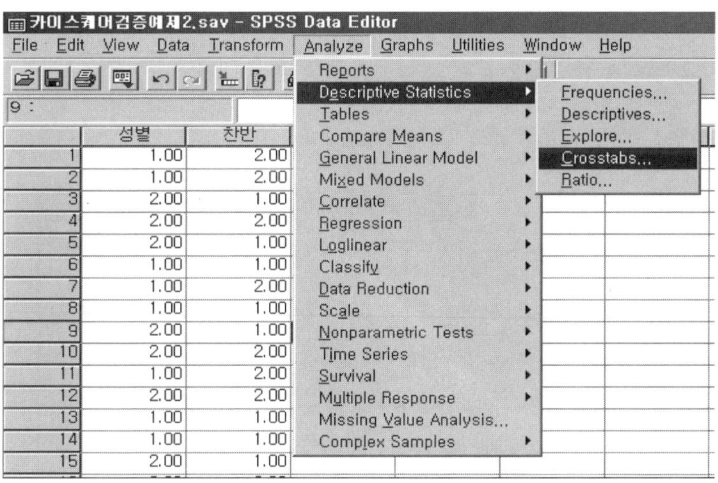

② 열(ROW)과 행(Colume)에 들어갈 변수를 선택하여 이동

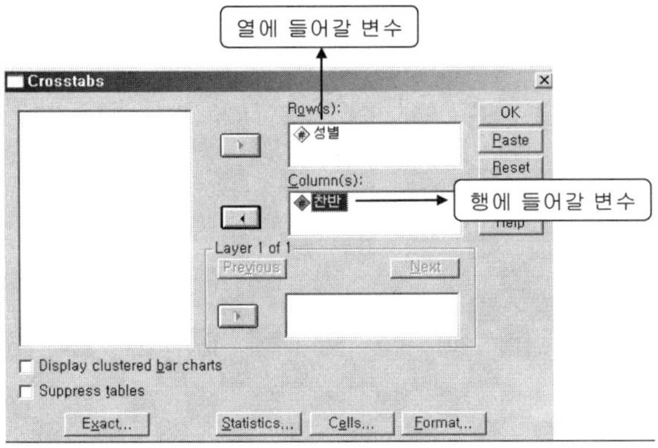

③ 교차분석 통계량(Statistics) 대화상자로 이동

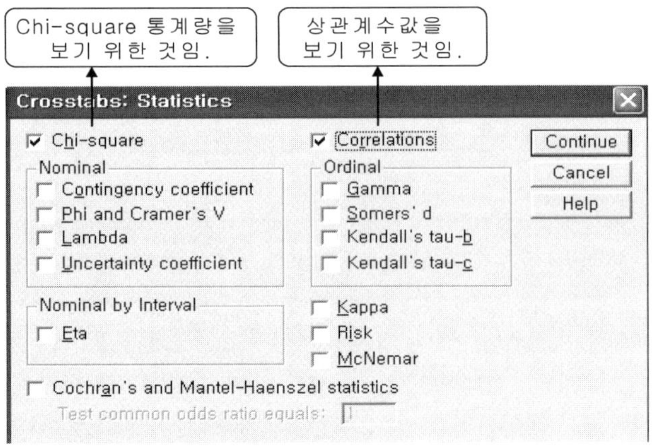

④ 교차분석 셀 표시(Cell) 대화상자로 이동

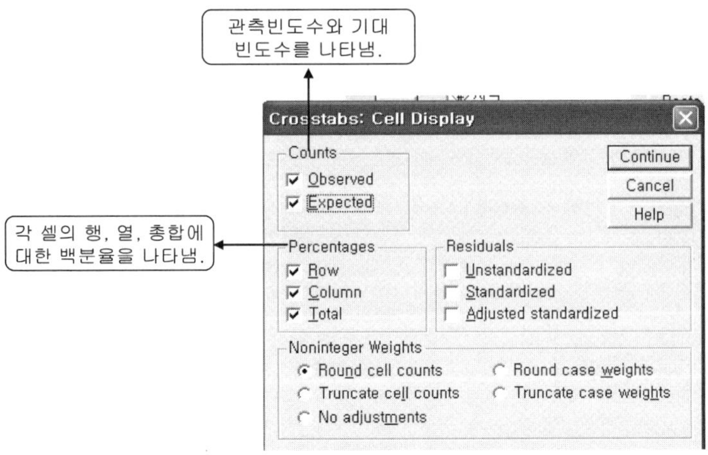

⑤ 교차분석 포맷(Format) 대화상자로 이동

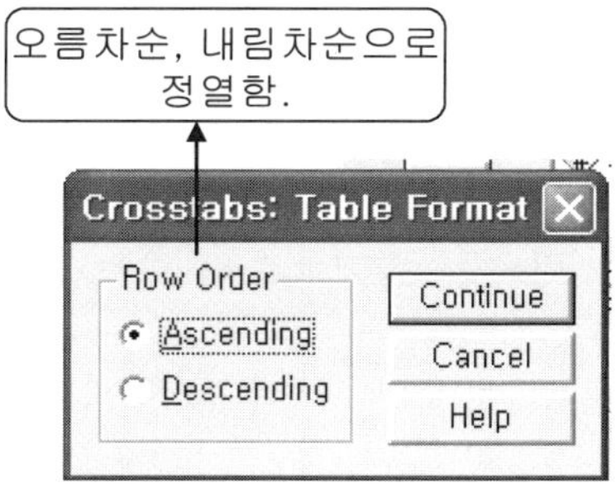

⑥ OK 클릭

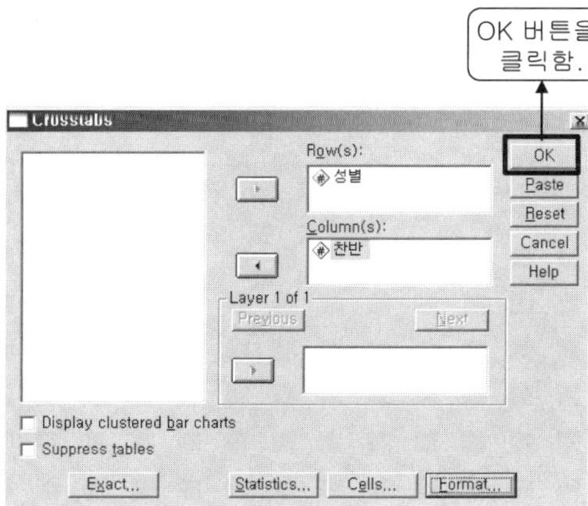

⑦ 결과해석

Case Processing Summary

	Cases					
	Valid		Missing		Total	
	N	Percent	N	Percent	N	Percent
성별 * 찬반	1100	100.0%	0	.0%	1100	100.0%

표본수는 1,100개이고 무응답치는 0개로 총 표본수는 1,100개임.

성별 * 찬반 Crosstabulation

			찬반		Total
			찬성	반대	
성별	남자	Count	420	180	600
		Expected Count	354.5	245.5	600.0
		% within 성별	70.0%	30.0%	100.0%
		% within 찬반	64.6%	40.0%	54.5%
		% of Total	38.2%	16.4%	54.5%
	여자	Count	230	270	500
		Expected Count	295.5	204.5	500.0
		% within 성별	46.0%	54.0%	100.0%
		% within 찬반	35.4%	60.0%	45.5%
		% of Total	20.9%	24.5%	45.5%
Total		Count	650	450	1100
		Expected Count	650.0	450.0	1100.0
		% within 성별	59.1%	40.9%	100.0%
		% within 찬반	100.0%	100.0%	100.0%
		% of Total	59.1%	40.9%	100.0%

표에서 행(Row)인 승용차 속도규제에 대한 찬, 반여부를 살펴보면 남자의 경우 찬성 420표, 반대 180표로 나타났으며, 여자의 경우 찬성 230표, 반대 270표로 나타났음.

Chi-Square Tests

	Value	df	Asymp. Sig. (2-sided)	Exact Sig. (2-sided)	Exact Sig. (1-sided)
Pearson Chi-Square	64.985[b]	1	.000		
Continuity Correction[a]	63.996	1	.000		
Likelihood Ratio	65.376	1	.000		
Fisher's Exact Test				.000	.000
Linear-by-Linear Association	64.926	1	.000		
N of Valid Cases	1100				

a. Computed only for a 2x2 table

b. 0 cells (.0%) have expected count less than 5. The minimum expected count is 204.55.

카이스퀘어 검증결과를 보여주고 있는데 피어슨(Pearson)의 카이스퀘어값은 63.985이고 자유도가 1일 때 p값은 0.000으로 유의수준 0.05이내에서 유의한 것으로 나타났음. 따라서 귀무가설을 기각하여 승용차 속도규제에 대한 성별에 따른 찬반에는 차이가 있는 것으로 나타났음.

예 제

서울시에서는 시민들의 발인 대중교통수단(버스, 지하철)의 요금인상을 계획하고 있다. 이에 대하여 지역별 이용자들의 찬반 여부에 차이가 있는지 유의수준 5%에서 검정하여라.

이용자들의 찬반에 대한 설문조사를 통하여 얻어진 획득도수의 결과는 다음과 같다.

i \ j	강남	강북	합 계
찬 성	30	40	100
반 대	70	60	100
합 계	100	100	200

풀이

① 교차분석을 하기 위해 탑메뉴에서 다음과 같이 실행함

탑메뉴 → Statistics→Descriptive Statistics→Crosstab

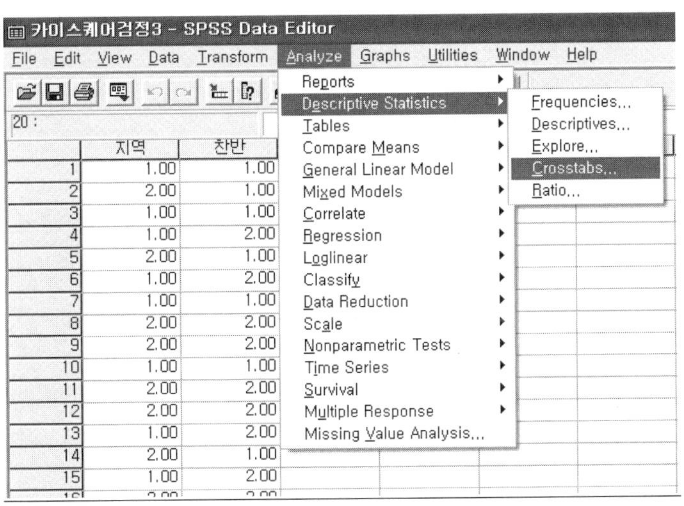

② 열(ROW)과 행(Colume)에 들어갈 변수를 선택하여 이동

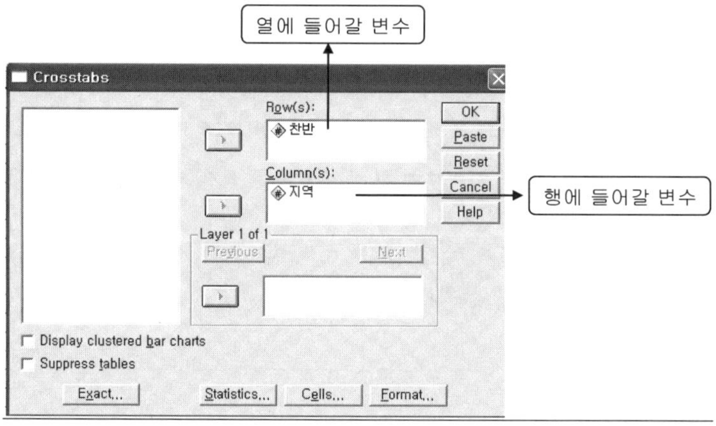

③ 교차분석 통계량(Statistics) 대화상자로 이동

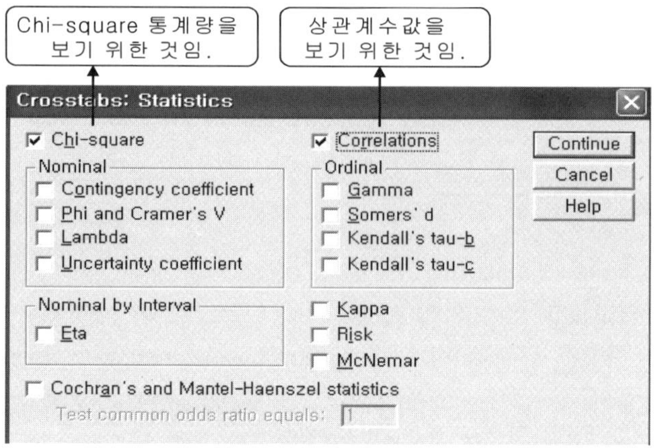

④ 교차분석 셀 표시(Cell) 대화상자로 이동

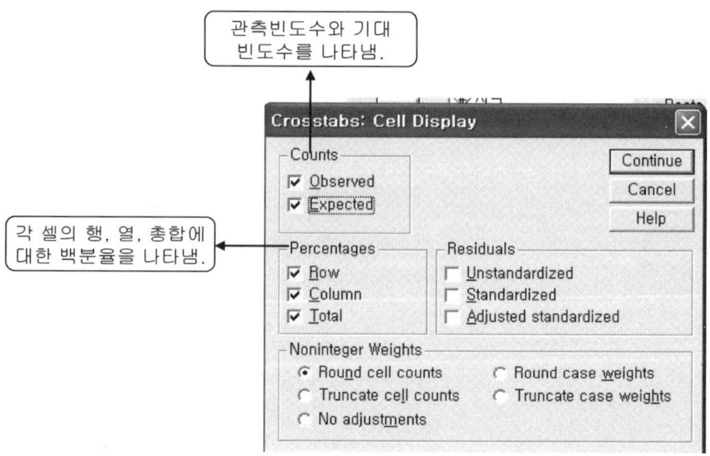

⑤ 교차분석 포맷(Format) 대화상자로 이동

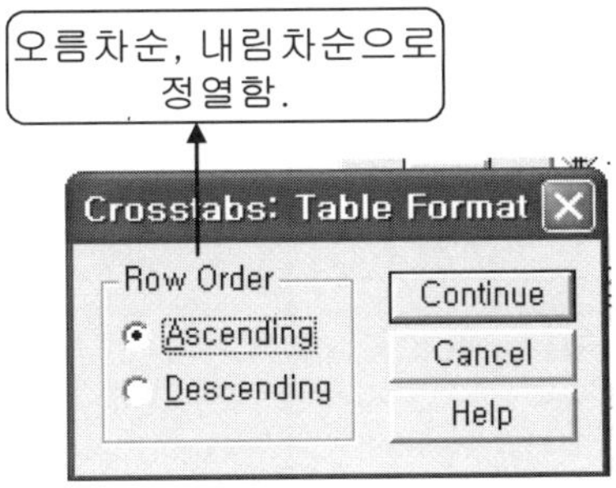

⑥ OK 클릭

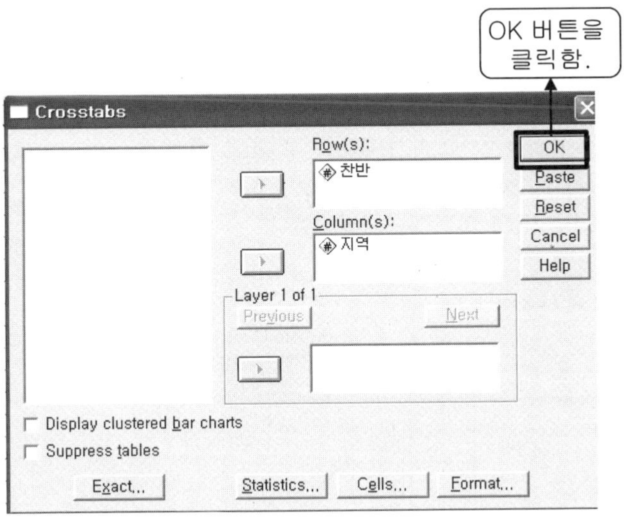

⑦ 결과해석

Case Processing Summary

	Cases					
	Valid		Missing		Total	
	N	Percent	N	Percent	N	Percent
찬반 * 지역	200	100.0%	0	.0%	200	100.0%

표본수는 200개이고 무응답치는 0개로 총 표본수는 200개임.

찬반 * 지역 Crosstabulation

			지역 강북	지역 강남	Total
찬반	찬성	Count	40	30	70
		Expected Count	38.5	31.5	70.0
		% within 찬반	57.1%	42.9%	100.0%
		% within 지역	36.4%	33.3%	35.0%
		% of Total	20.0%	15.0%	35.0%
	반대	Count	70	60	130
		Expected Count	71.5	58.5	130.0
		% within 찬반	53.8%	46.2%	100.0%
		% within 지역	63.6%	66.7%	65.0%
		% of Total	35.0%	30.0%	65.0%
Total		Count	110	90	200
		Expected Count	110.0	90.0	200.0
		% within 찬반	55.0%	45.0%	100.0%
		% within 지역	100.0%	100.0%	100.0%
		% of Total	55.0%	45.0%	100.0%

표에서 행(Row)인 대중교통요금 인상에 대한 찬, 반여부를 살펴보면 강북의 경우 찬성 40표, 반대 30표로 나타났으며, 강남의 경우 찬성 30표, 반대 60표로 나타났음.

Chi-Square Tests

	Value	df	Asymp. Sig. (2-sided)	Exact Sig. (2-sided)	Exact Sig. (1-sided)
Pearson Chi-Square	64.985[b]	1	.000		
Continuity Correction[a]	63.996	1	.000		
Likelihood Ratio	65.376	1	.000		
Fisher's Exact Test				.000	.000
Linear-by-Linear Association	64.926	1	.000		
N of Valid Cases	1100				

a. Computed only for a 2x2 table

b. 0 cells (.0%) have expected count less than 5. The minimum expected count is 204.55.

카이스퀘어 검증결과를 보여주고 있는데 피어슨(Pearson)의 카이스퀘어값은 0.200이고 자유도가 1일 때 p값은 0.000으로 유의수준 0.05이내에서 유의한 것으로 나타났음. 따라서 귀무가설을 기각하여 대중교통요금 인상에 있어 지역에 따른 찬반의 차이가 없는 것으로 나타났음.

제 10 장

분산분석(F-검정)

Ⅰ 분산분석의 개념

Ⅱ 분산의 구성

Ⅲ F-검정이란

Ⅳ 실전예제

Ⅰ. 분산분석(ANOVA)의 개념

1. 분산분석의 개념

분산분석 (Analysis Of Variance)	•독립변수에 의하여 구분된 집단들이 동일한 집단인지 아닌지를 분산개념을 이용하여 검증하는 것 •세 집단 이상의 집단 평균치의 차이를 검정하고자 하는 경우에 이용 •분산분석의 검정에서 F-분포를 이용함으로써 F-검정이라 하기도 함

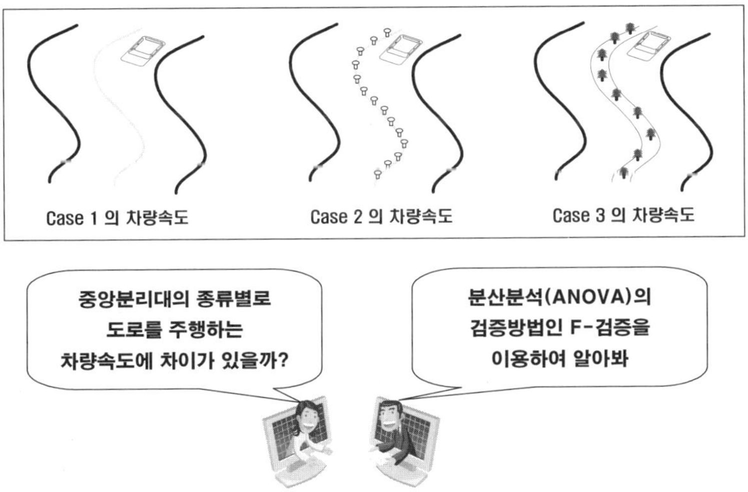

분산분석을 통해 알고자 하는 것은?	3개 이상의 표본이 동일한 모집단에서 추출된 것인가 혹은 적어도 하나의 표본은 다른 모집단에서 추출된 것인가

Tip

집단간의 차이 유무를 결정할 때, 집단간의 분산이 집단내 분산에 비해 그 크기가 클 때 집단간의 차이가 있다고 봄. 즉, 같은 집단이라면 집단내 분산의 정도와 집단간 분산의 정도가 비슷할 것이라는 논리

1. 분산분석의 개념

분산분석에서는 집단간의 평균치 차이를 검정할 때 표본내의 분산과 표본간의 분산 비율을 이용하므로 '분산분석'이라 함.

2. 분산분석의 기본 전제

2. 분산분석의 기본 전제

- 종속변수가 양적변수이어야 한다.
- 각 집단에 해당되는 모집단의 분포가 정규분포이어야 한다.
- 각 집단에 해당되는 모집단들의 분산이 같아야 한다.
- 정규분포와 등분산 가정은 모집단에만 해당하고 표본집단에는 해당 안 됨
- 위의 가정이 충족되지 않으며 비모수통계를 사용해야 함

가설설정 $H_0 : \mu_1 = \mu_2 = \cdots = \mu_k$

H_1 : 적어도 한쌍이 μ_i가 서로 다르다.

예 제

건설교통부 기획관리실 한 공무원이 대도시와 일반도시, 그리고 농어촌간의 주택보급률이 차이가 있는지 알고 싶어 한다. 차이를 판단하기에 앞서 가설을 설정하여라.

풀이

– 귀무가설 : $H_0 : \mu_A = \mu_B = \mu_C$

– 대립가설 : 적어도 한 쌍의 μ_i가 서로 다르다.

여기서, μ_A : 대도시의 주택보급률

μ_B : 일반도시의 주택보급률

μ_C : 농어촌도시의 주택보급률

분산분석의 종 류	집단간 평균차이를 검정할 때 검정의 기준의 되는 요인의 수에 따라 종류가 나누어짐

-일원분산분석(One-way ANOVA) : 검정의 기준요인이 1개 일 때

-이원분산분석(Tow-way ANOVA) : 검정의 기준요인이 2개 일 때

-다변량 분산분석(Multi-way ANOVA) : 검정의 기준요인이 2개 이상 일 때

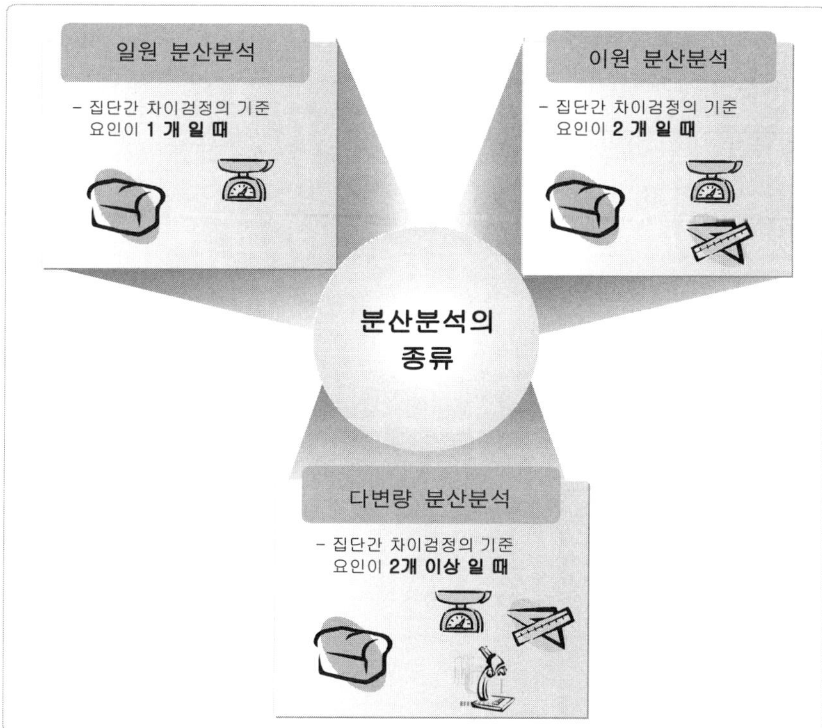

일원분산 분석의 정의	3개 이상의 집단간 평균차이를 비교시 하나의 요인을 기준으로 차이를 알아보는 분석방법 일반적인 분산분석(ANOVA)이라고 말함

이원분산분석 (Two way ANOVA)	3개 이상의 집단간 평균차이 비교 시 두 개의 요인을 기준으로 차이를 알아보는 분석방법

반복이 없는 이원배치분산(Two way ANOVA without interaction)

: 요인 A, B가 평균에 영향을 미치는지 알아보는 분석방법

반복이 있는 이원배치분산(Two way ANOVA with interaction)

: 요인 A, B 그리고 AXB가 평균에 영향을 미치는지 알아보는 분석방법

반복이 없는 이원배치 분산분석)

- 요인 A, B만을 고려하여 집단간의 평균차이를 검토

$$Y_{ij} = \mu + a_i + b_j + \varepsilon_{ij}$$

$$i = 1, 2, \cdots, I$$
$$j = 1, 2, \cdots, J$$

반복이 있는 이원배치 분산분석

- 요인 A, B와 AXB를 고려하여 집단간의 평균차이를 검토

$$Y_{ijk} = \mu + a_i + b_j + ab_{ij} + \varepsilon_{ijk}$$

$$k = 1, 2, \cdots, n_{ij}$$

이원분산분석 가설의 설정	• 집단간 평균차이를 분석하는데 사용되어지는 요인별 가설을 설정함 • 반복이 있는 이원배치 분산분석의 경우 추가로 요인들 간 상호관계를 고려하여 가설을 설정함

예제

도로 주행시 차량의 속도가 도로의 유형별, 남녀별로 차이가 있는지에 대하여 알아보고자 할 때 연구의 가설을 설정하여라.

⇒ 연구의 문제

1. 도로의 유형별 속도차이가 있는가?
2. 성별에 따른 남녀별 속도차이가 있는가?
3. 도로유형별 성별간에는 상호작용효과가 있는가?

⇒ 귀무가설과 대립가설의 설정

1. $H_0 : \mu_1 = \mu_2 = \mu_3$ H_1 : 도로의 유형별로 속도가 적어도 하나는 다르다.
2. $H_0 : \mu_{남} = \mu_{여}$ H_1 : 남자와 여자는 속도가 동일하지 않다
3. H_0 :상호작용효과가 없다 H_1 : 상호작용효과가 있다.

옆의 가설에서 3번 연구가설의 경우 반복이 없는 이원배치 분산분석 실시할 경우 가설을 설정할 필요가 없다

II. 분산의 구성

1. 집단내 분산

1. 집단내 분산

집단내 분산 (within group variation)	각 집단의 평균치를 중심으로 집단요소들의 측정치가 얼마나 퍼져 있는가를 나타내는 것

$$SS_E = \sum_i^m \sum_j^t (X_{ij} - \overline{X}_{.j})^2$$

여기서, SS_E : 집단내 분산
X_{ij} : 각 요소 측정치
$\overline{X}_{.j}$: j집단의 평균치
$i = 1, \cdots, m$
$j = 1, \cdots, t$

$$MS_E = \frac{SS_E}{df(\text{자유도})}$$

여기서, MS_E : 집단내 평균분산
df : (집단수 × 집단내 측정치의수)−집단수

2. 집단간 분산

2. 집단간 분산

집단간 분산 (among group variation)	각 집단의 평균들이 전체 평균에서 얼마나 떨어져 있는가를 나타내는 것

$$SS_A = \sum_j^t n_j (\overline{X}_{.j} - \overline{X}_{..})^2$$

여기서, SS_A : 집단간 분산
n_j : j집단의 관찰치 수
$\overline{X}_{..}$: 전체 평균

$$MS_A = \frac{SS_A}{df}$$

여기서, MS_A : 집단간 평균분산
df : (집단수 −1)

3. 전체 분산

3. 전체 분산

전체 분산 (total variation)	각 요소들의 개별 측정치가 전체 평균에서 얼마나 떨어져 있는가를 나타내는 것

$$SS_T = \sum_i^m \sum_j^t (X_{ij} - \overline{X}_{..})^2$$

여기서, SS_T : 전체 분산

$$MS_T = \frac{SS_T}{df}$$

여기서, MS_T : 전체 평균분산

df : (집단수 × 집단내 측정치의 수) − 1

4. F검정 통계량

4. F검정 통계량

F검정 통계량	집단간 평균분산(MS_A)을 집단내 평균분산(MS_E)으로 나눈값. $\left(F = \frac{MS_A}{MS_E}\right)$

예제

다음 세 집단에 각각의 수업방식을 달리하여 통계학을 강의하였다. A집단은 일반적인 강좌를, B집단에는 시청각 자료를 활용한 강좌를, C집단에는 통계프로그램을 실제로 활용한 강좌를 하였다. 이들 집단에서 무작위로 5명씩 추출하여 통계성적을 알아보니 아래의 결과를 얻었다. 세 집단의 통계성적에는 차이가 있는가?(F 통계량 값만 구하여라.)

	A집단	B집단	C집단	전체
1	70	68	73	
2	65	72	80	
3	50	70	67	
4	62	66	71	
5	53	64	74	
평균	60	68	73	67

풀이

$$F = \frac{MS_A}{MS_E}$$

$$MS_A = \frac{SS_A}{df} = \frac{5[(60-67)^2 + (68-67)^2 + (73-67)^2]}{3-1}$$

$$= 215$$

$$MS_E = \frac{SS_E}{df} = \frac{[(70-60)^2 + (65-60)^2 + (50-60)^2 + (62-60)^2 + (53-60)^2] + [(68-68)^2 + (72-68)^2 + (70-68)^2 + (66-68)^2 + (64-68)^2] + [(73-73)^2 + (80-73)^2 + (71-73)^2 + (74-73)^2]}{(3 \times 5)-3}$$

$$= \frac{278 + 40 + 90}{12} = 34$$

$$F = \frac{215}{34} = 6.32$$

Ⅲ. F-검정이란

1. F-검정이란

1. F-검정이란

F-검정	· 집단간 분산과 집단내 분산의 추정치인 평균자승의 비율을 구하는 것 · 두 개 이상의 집단을 비교하는데 사용되는 분석방법으로 다변량통계의 근간을 이루며 특히 분산분석의 기본이 됨.

$$F-\text{검정통계량} = \frac{\text{집단간이질정도}}{\text{집단내이질정도}} = \frac{\text{집단간분산}}{\text{집단내분산}}$$

2. F-분포

2. F-분포

F-분포	· 1920년대 R.A.Fisher에 의해 규정된 분포 · 두 개 이상의 평균차를 검정하는 분산분석이나 두 분산의 차를 검정하는 경우에 적용됨. · F분포는 각각의 자유도로 나누어진 두 개의 χ^2분포의 비로 이루어짐

· F값은 두 분산추정치들에 대한 비율이라 할 수 있음.

$$F(n_1-1, n_2-1) = \frac{x_2^1/(n_1-1)}{x_2^2(n_2-1)} = \frac{S_1^2}{S_2^2}$$

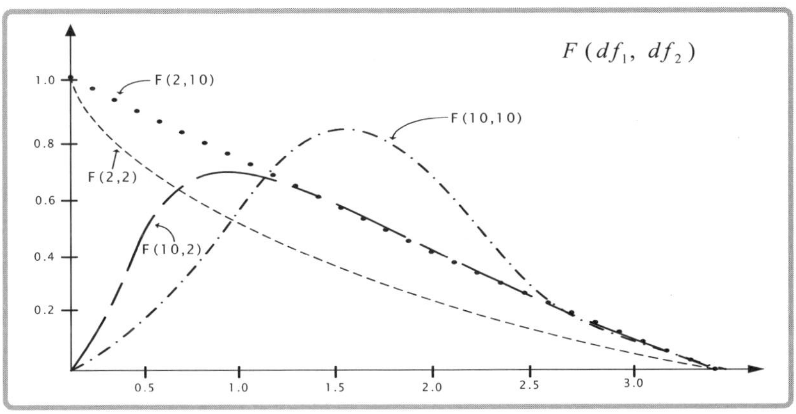

F-공식 유도

$$\begin{aligned} F_{v_1,v_2} &= \frac{x_1^2/v_1}{x_2^2/v_2} \\ &= \frac{(v_1 s_1^2/\sigma_1^2)/v_1}{(v_2 s_2^2/\sigma_2^2)/v_2} \\ &= \frac{s_1^2/\sigma_1^2}{s_2^2/\sigma_2^2} \\ &= \frac{s_1^2}{s_2^2} \bullet \left(\frac{\sigma_1^2}{\sigma_2^2}\right) \\ &= \frac{s_1^2}{s_2^2} \end{aligned}$$

$\leftarrow \quad x^2 = \frac{vs^2}{\sigma^2}$

등분산 가정에 의해 $\frac{\sigma_1^2}{\sigma_2^2}=1$

- 종속변수가 양적변수이어야 한다.
- 각 집단에 해당되는 모집단의 분포가 정규분포이어야 한다.
- 각 집단에 해당되는 모집단들의 분산이 같아야 한다.
- 정규분포와 등분산 가정은 모집단에만 해당 표본집단에는 해당 안 됨
- 위의 가정이 충족되지 않으며 비모수통계를 사용해야함

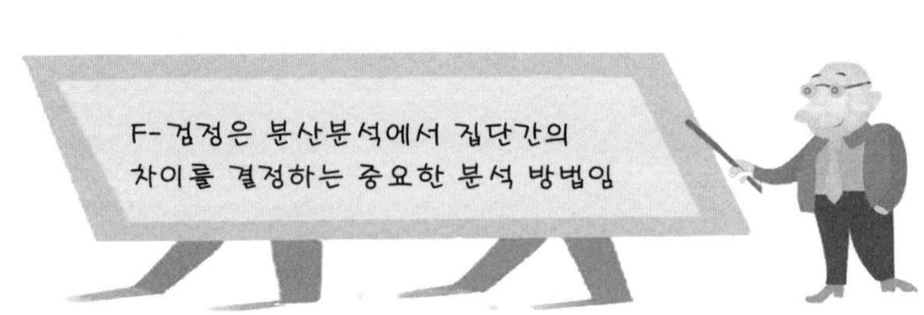

IV. 실전예제

실전예제 1)

회사별 컴퓨터 부팅시간에 대하여 조사를 하였다. 각 회사별로 3대의 컴퓨터를 선택하여 각각 부팅시간을 조사하였다.

A	3.6	2.1	3.0
B	3.1	3.2	2.9
C	3.2	3.5	3.1
D	3.1	3.3	3.7

회사별 컴퓨터 부팅시간이 같다고 할 수 있는지를 5% 유의수준으로 검정하라.

풀이

SPSS의 데이터 불러오기

① 메뉴창→Open Database→New Query 누른다.

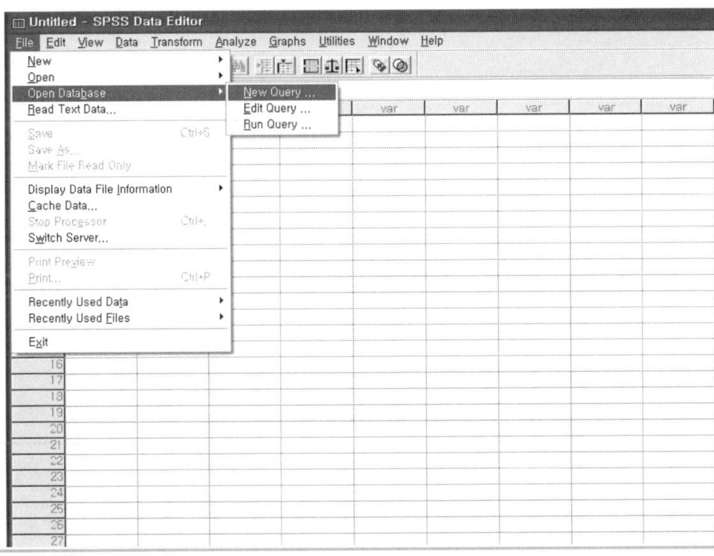

② 오른쪽 File 종류에서 Excel File을 선택한 후 [다음(N) >] 버튼을 누른다.

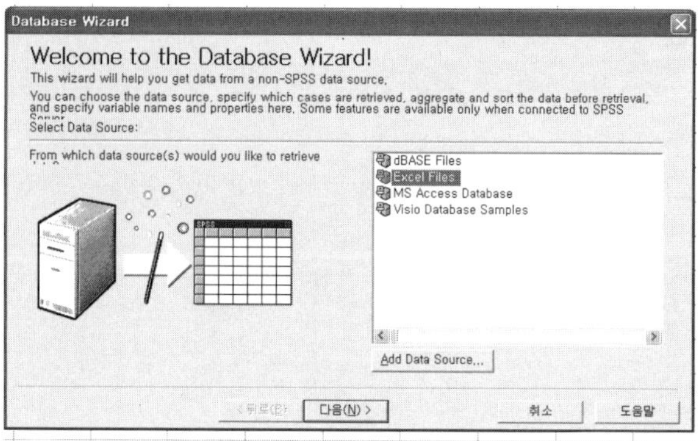

③ 그림과 같이 순서대로 데이터 파일을 선택한다.

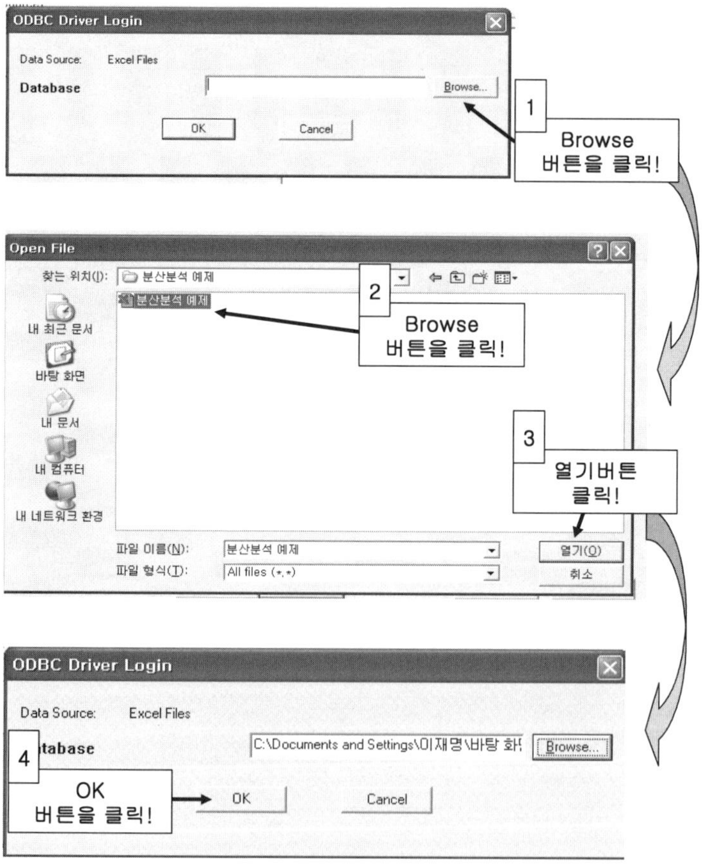

풀이

분석결과 해석

① 기술통계량 해석

기술통계량에는 통계분석에 사용되는 자료의 개수, 평균, 표준편차 등을 나타내고 있음. 여기서는 A,B,C,D 네 개의 집단에 3개씩의 자료가 사용되었고 전체 평균 부팅시간이 3.15초임을 알 수 있음.

Descriptives

부팅시간

	N	Mean	Std. Deviation	Std. Error	95% Confidence Interval for Mean		Minimum	Maximum
					Lower Bound	Upper Bound		
A	3	2.900	.7550	.4359	1.025	4.775	2.1	3.6
B	3	3.067	.1528	.0882	2.687	3.446	2.9	3.2
C	3	3.267	.2082	.1202	2.750	3.784	3.1	3.5
D	3	3.367	.3055	.1764	2.608	4.126	3.1	3.7
Total	12	3.150	.4101	.1184	2.889	3.411	2.1	3.7

② 분산의 동질성 평가

분산분석이 유용하기 위해서는 표본이 무작위 추출되었으며 모집단은 동일한 분산을 가지고 있다는 가정을 충족시켜야 함. 보통 Levene 통계값을 사용. 여기에서는 Levene 통계량이 2.667로서 충분히 크며 p값 = 0.119 > 유의수준 α =0.05 이므로 모집단의 분산이 동일하다는 귀무가설이 채택

Test of Homogeneity of Variances

부팅시간

Levene Statistic	df1	df2	Sig.
2.502	3	8	.133

③ 분산분석 결과

유의확률 p값 = 0.57 > α = 0.05 이므로 귀무가설을 기각할 수 없음. 즉, 회사별로 부팅시간이 다르다고 할 수 없음.

④ **사후분석검증**

1단계 분석에서 회사별로 부팅시간이 차이가 없다는 것을 알았음. 이것은 사후분석을 통해 재확인할 수 있음. 따라서 회사별 부팅시간에는 차이가 없다는 결론을 내릴 수 있음.

⑤ **동일집단군**

집단간의 평균 차이를 나타내는 분석 결과 Duncan과 Scheffe에 의한 검증결과가 같다는 것을 알 수 있음. 4개 회사 모두 부팅시간 차이가 없는 것을 알 수 있음.

실전예제 2)

국내 A, B, C, D사의 차량에 대하여 제동거리를 비교하려고 한다. 각 회사별로 5대의 차량을 무작위로 추출하여 제동거리를 측정한 결과 다음과 같다.

	#1	#2	#3	#4	#5
A	10.2	11.4	10.0	10.5	10.9
B	9.8	10.2	10.7	9.4	10.4
C	11.4	10.8	10.5	10.7	10.2
D	9.2	9.8	9.4	10.1	9.5

이와 같을 때 4개사의 차량들 간의 제동거리에는 모두 같다고 할 수 있는지 유의수준 5%, 10%일 때를 기준으로 알아보아라. (단: 실험시 도로노면상태와 브레이크 작동시간 등 모든 것이 동일한 조건하에서 실험이 이루어졌음)

풀이

1. SPSS의 실행

① 데이터의 코딩

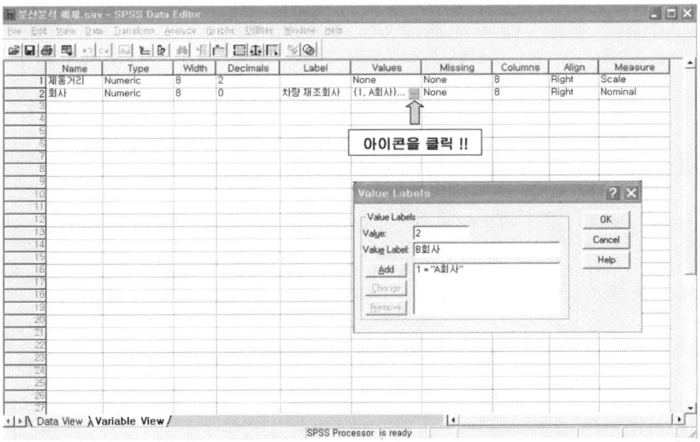

▶ 데이터결과 입력전 "Variable View" 창을 열어 각 칼럼의 명칭 및 형태, 데이터 설명을 입력한다.

▶Values셀을 클릭하면 그림과 같이 창이 나타나며 이때 각 회사별 ID를 설정하여 입력한다.

(1=A회사, 2=B회사, 3=C회사, 4=D회사)

② 결과 데이터 코딩

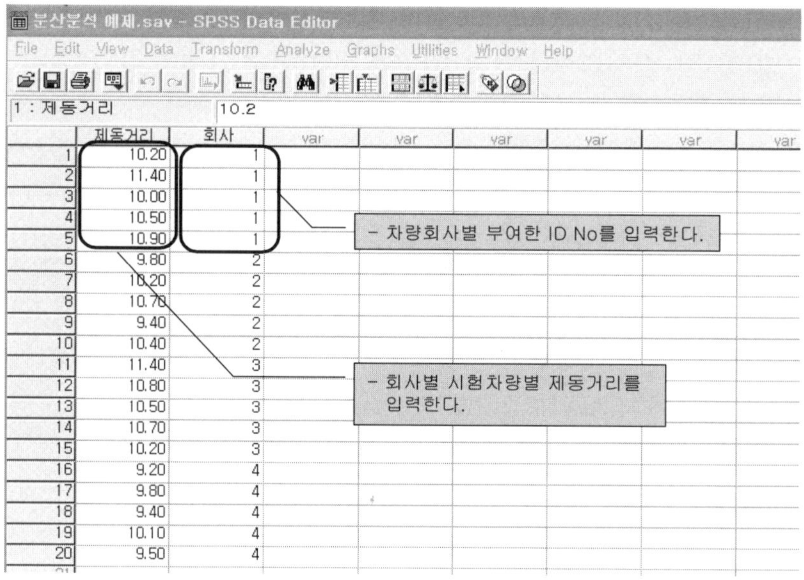

▶ 각각의 회사별 차량 5대의 제동거리를 데이터를 입력한다. 이때 "회사" 칼럼에는 앞서 명명한 회사별 ID No를 입력한다.

③ 데이터 분석 시작

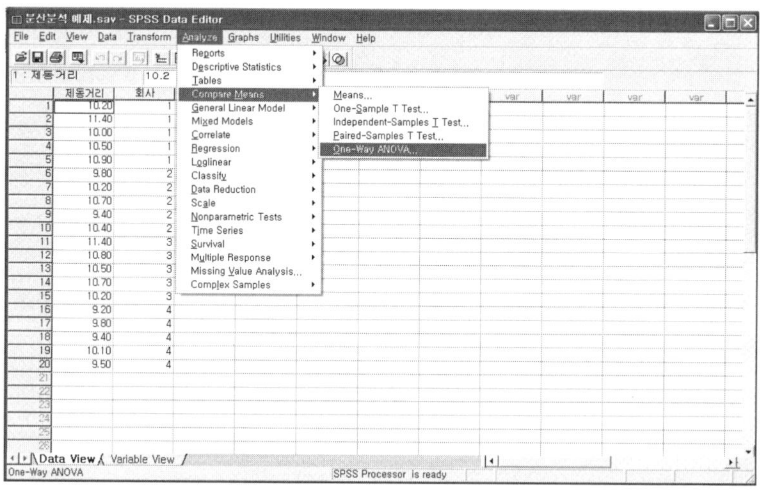

▶ 모든 코딩작업이 끝난 후 실행창의 메뉴판에 있는 "Analyze" 를 클릭 후 "Compare Means" → "One-way ANOVA"를 차례로 클릭한다.

④ 분석을 위한 SPSS 설정 과정

Step 1) 종속변수와 요인을 설정

▶ 변수들을 “제동거리”를 종속변수(Dependent List)로, “차량제조회사”를 요인(Factor)에 각각 설정한다.

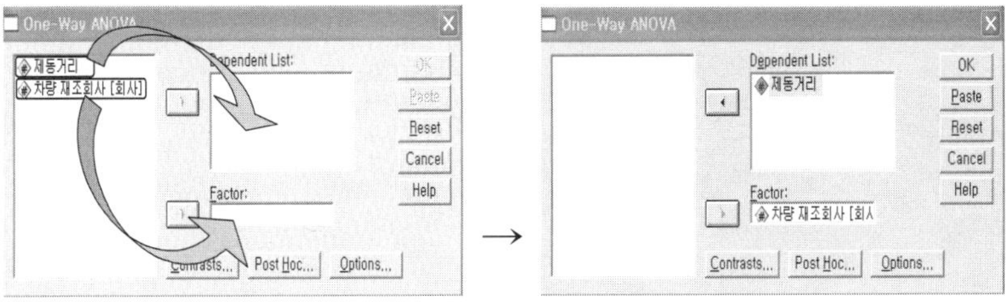

종속변수)
자신이 알고자 하는 항목을 종속변수로 설정한다.

독립변수)
자신이 알고자 하는 항목에 영향을 미치는 항목을 설정한다.

Step 2) 비교대화상자

▶ 다음으로 Contrasts... 버튼을 눌러 두 집단간 비교 활성창을 실행시켜 Polynomial을 선택한 후, 다항식(Degree)은 1차선형(Linear)을 선택한다. 모든 설정이 끝난 후에는 Continue 버튼을 눌러 설정을 종료한다.

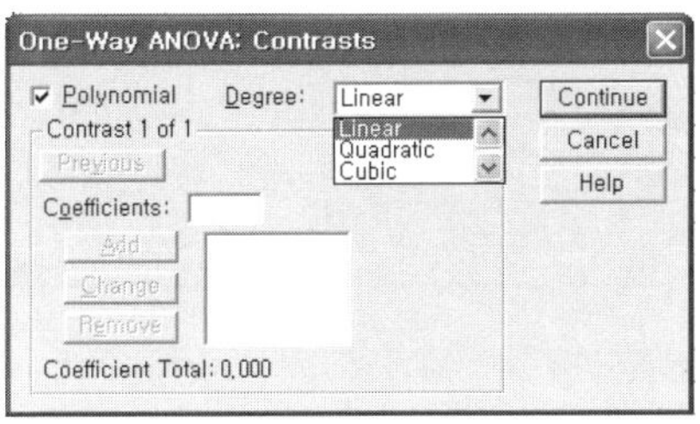

Step 3) 사후 다중비교 대화상자

▶ 다음으로 Post Hoc... 버튼을 눌러 요인수준들이 평균차이를 보이는지에 관한 사후검정실시 탭을 활성화시킨다. 그런 후 Scheffe와 Duncan검정을 체크한 후 Continue 버튼을 눌러 설정을 종료한다.

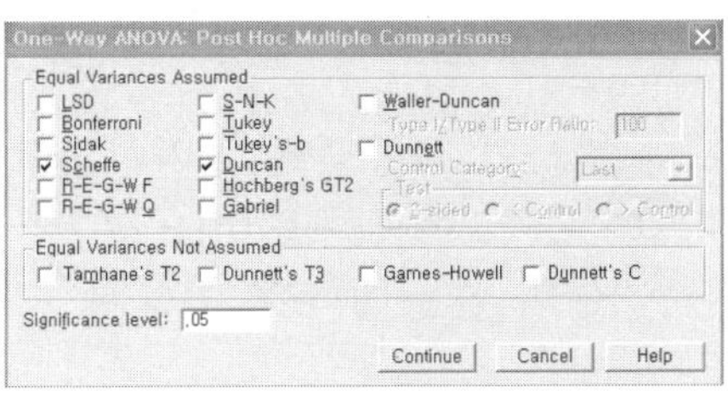

사후검정)
일반적으로 사후검정에서는 Scheffe, Tukey, Duncan을 보편적으로 많이 이용한다.

Step 4) Option 설정

▶ 다음으로 Options... 버튼을 눌러 결과산출시 기술통계량을 표시하거나 무응답을 처리하는 설정을 체크해준다. 여기서는 기술통계량(Descriptive), 분산의 동질성(Homogeneity-of-variance)을 선택하고, 무응답은 제외하도록 한다.

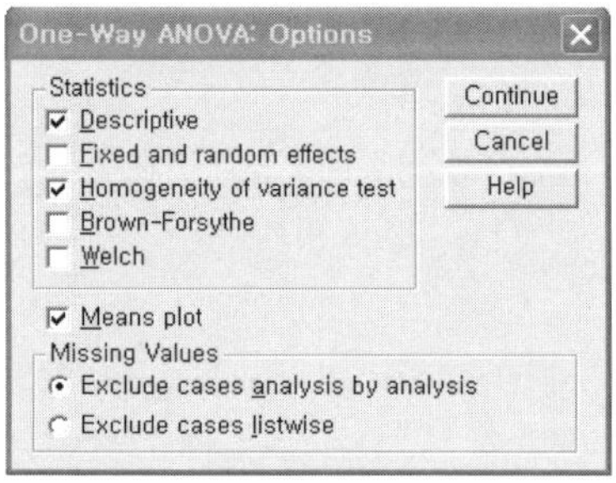

풀이

2. SPSS 결과해석

① 기술통계량 분석

Descriptives

제동거리

	N	Mean	Std. Deviation	Std. Error	95% Confidence Interval for Mean		Minimum	Maximum
					Lower Bound	Upper Bound		
A회사	5	10.6000	.56125	.25100	9.9031	11.2969	10.00	11.40
B회사	5	10.1000	.50990	.22804	9.4669	10.7331	9.40	10.70
C회사	5	10.7200	.44385	.19849	10.1689	11.2711	10.20	11.40
D회사	5	9.6000	.35355	.15811	9.1610	10.0390	9.20	10.10
Total	20	10.2550	.62952	.14076	9.9604	10.5496	9.20	11.40

▶ 제조 회사별로 평균, 표준편차, 표준오차, 95%신뢰수준을 나타내고 있다.

② 등분산성 분석

Test of Homogeneity of Variances

제동거리

Levene Statistic	df1	df2	Sig.
.482	3	16	.699

▶ 분산분석에서 분산의 동질성을 평가하는데 Levene 통계량을 사용하는데 Levene 통계량이 0.482로 p값이 0.05보다 크므로 모집단의 분산이 동일하다는 것을 기각하지 못하고 채택이 된다.

③ ANOVA 분석결과

ANOVA

제동거리

			Sum of Squares	df	Mean Square	F	Sig.
Between Groups	(Combined)		3.942	3	1.314	5.859	.007
	Linear Term	Contrast	1.416	1	1.416	6.315	.023
		Deviation	2.525	2	1.263	5.631	.014
Within Groups			3.588	16	.224		
Total			7.530	19			

▶ 분산분석표를 살펴보면 집단간 그룹과 집단내 그룹의 자유도와 집단간 평균, F값, 유의도를 보여주고 있다. 집단간 F값을 살펴보면 5.859이고 P값이 0.07로서 유의수준 5%내에서 매우 유의한 것으로 나타났다. 이는 **회사별로 차량의 제동거리는 차이가 있다는 것을 말할 수 있다.**

④ 사후검정 결과 확인

Multiple Comparisons

Dependent Variable: 제동거리

	(I) 차량 재조회사		(J) 차량 재조회사	Mean Difference (I-J)	Std. Error	Sig.	95% Confidence Interval Lower Bound	Upper Bound
Scheffe	A회사		B회사	.50000	.29950	.449	-.4336	1.4336
			C회사	-.12000	.29950	.983	-1.0536	.8136
		a	D회사	1.00000*	.29950	.033	.0664	1.9336
	B회사		A회사	-.50000	.29950	.449	-1.4336	.4336
			C회사	-.62000	.29950	.271	-1.5536	.3136
			D회사	.50000	.29950	.449	-.4336	1.4336
	C회사		A회사	.12000	.29950	.983	-.8136	1.0536
			B회사	.62000	.29950	.271	-.3136	1.5536
		b	D회사	1.12000*	.29950	.016	.1864	2.0536
	D회사	c	A회사	-1.00000*	.29950	.033	-1.9336	-.0664
			B회사	-.50000	.29950	.449	-1.4336	.4336
		d	C회사	-1.12000*	.29950	.016	-2.0536	-.1864

*. The mean difference is significant at the .05 level.

▶ Scheffe에 의한 방식으로 검증한 것을 볼 수 있다. 결과를 해석하여 보면 다음과 같다.

Ⓐ: A회사와 D회사 간에는 유의수준이 0.033으로 0.05보다 작으므로 제동거리에 차이가 있다.

Ⓑ: C회사와 D회사 간에는 유의수준이 0.016으로 0.05보다 작으므로 제동거리에 차이가 있다

Ⓒ, Ⓓ는 앞서 도출되어진 결과 값과 동일

▶ 결과적으로 A회사와 C회사, D회사 간에는 차이가 있는 것으로 나타났지만 B회사의 경우 다른 회사들과 차이가 없는 것으로 나타났다.

ANOVA 분석표)
ANOVA 분석표는 집단간의 차이를 여부를 확인하는 중요한 결과로서 집단간의 차이 여부는 ANOVA표의 결과에서 결정된다.

F-값)
옆의 분산분석표를 살펴보면 집단간평균과 집단내평균이 나타나있다. 이때 F-값은 "집단간평균/집단내평균" 1.314/0.224=5.866으로 계산되어진다.

집단내(within) 분산)
집단내 분산은 각 집단의 평균치를 중심으로 집단요소들의 측정치가 얼마나 퍼져 있는가를 나타내는 것임

집단간(among) 분산)
집단간 분산은 각 집단의 평균들이 전체 평균에서 얼마나 떨어져 있는가를 나타내는 것

⑤ Homogeneous Subset 분석결과

제동거리

	차량 제조회사	N	Subset for alpha = .05	
			1	2
Duncan[a]	D회사	5	9.6000	
	B회사	5	10.1000	10.1000
	A회사	5		10.6000
	C회사	5		10.7200
	Sig.		.114	.066
Scheffe[a]	D회사	5	9.6000	
	B회사	5	10.1000	10.1000
	A회사	5		10.6000
	C회사	5		10.7200
	Sig.		.449	.271

Means for groups in homogeneous subsets are displayed.
a. Uses Harmonic Mean Sample Size = 5.000.

▶ 집단간의 평균을 나타내는 Homogeneous Subset 분석결과 Duncan과 Scheffe에 의한 검증결과 같다는 것을 알 수 있다. 제 1 Subset에서 D차량회사와 B차량회사의 제동거리가 차이가 없다고 할 수 있으며, 제 2 Subset에서는 B회사, A회사, C회사의 제동거리가 차이가 없다고 할 수 있다.

⑥ Mena Plots 분석결과

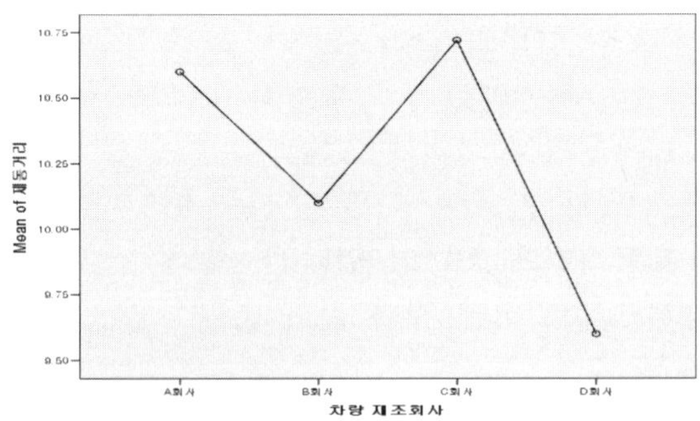

▶ C회사의 제동거리의 평균이 가장 높으며, A회사, B회사, D회사순으로 제동거리의 평균값이 작은 것으로 나타났다. 그리고 A회사와 C회사의 평균 제동거리는 거의 비슷한 것을 알 수 있다.

제 11 장

상관분석

- Ⅰ 상관의 정의
- Ⅱ 공분산
- Ⅲ 상관계수
- Ⅳ 상관계수의 종류
- Ⅴ 실전예제

Ⅰ. 상관의 정의

1. 상관

1. 상관(correlation)

상관 (correlation)	•어떤 것과 다른 것의 관계를 말하는 것으로 보다 통계적 용어로 서술하면 두 변수의 관계를 말함 •한 변수가 변해감에 따라 다른 변수가 어떻게 변해가는가를 말해주는 것임

사회현상에서 상관의 의미는 인간관계보다는 상호작용(interaction)의 의미를 갖는다는 것을 기억하라구!!!

2. 산포도

2. 산포도(scatter plot)

산포도 (scatter plot)	•두 변수간의 관계를 알아보기 위하여 두 변수값을 나타내는 점을 도표에 나타낸 것 •X축에 한 변수, Y축에 다른 변수를 설정하고 각 변수의 값을 나타내는 점을 찍어 두 변수간의 관계를 파악할 수 있는 도표

예제

구분	수학점수	통계학 점수
갑	4	3
을	6	5
병	3	2
정	7	6

sol)

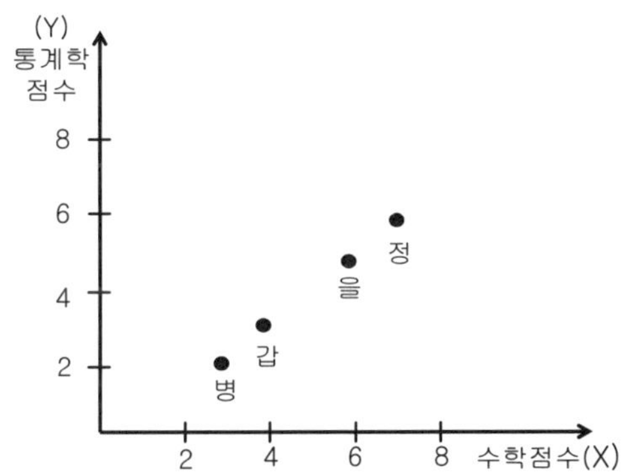

1. 공분산

II. 공분산

1. 공분산(covariance)

공분산 (covariance)	•한 변수가 그 평균으로부터 변화할 때 다른 변수가 그 평균으로부터 변하는 정도 •두 변수가 각기 얼마만큼 변하는지를 알기 위해서는 어느 점을 중점으로 언급하여야 함 •중심이 되는 점은 두 변수들의 평균점인 $\overline{X}$와 $\overline{Y}$ 점이며, 이 점을 중심으로 변하는 정도를 계산

예제

S대학교 4명의 언어학 성적과 수학성적을 나타내면 아래의 그래프와 같다. 공분산을 구하여라.

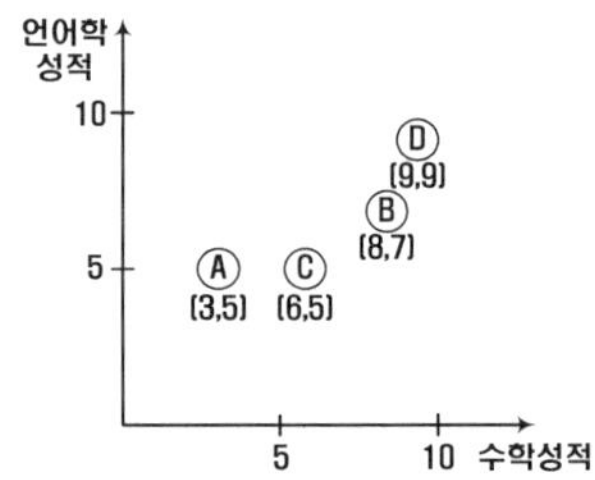

sol)

$$S_{xy} = \frac{\sum(X_i - \overline{X})(Y_i - \overline{Y})}{n}$$

$$\overline{X} = \frac{3+8+6+9}{4} = 6.5$$

$$\overline{Y} = \frac{5+7+5+9}{4} = 6.5$$

$$S_{xy} = \frac{(-3.5)(-1.5)+(1.5)(0.5)+(-0.5)(-1.5)+(2.5)(2.5)}{4}$$

$$= 3.25$$

Ⅲ. 상관계수

1. 상관계수(coefficient of correlation)

1. 상관계수

상관계수 (coefficient of correlation)	•두 변수가 관계되어 있는 정도를 나타내는 지수를 말함. 두 변수가 동시에 변하는 정도를 나타내는 지수 •정적이든 부적이든 공분산의 양과 비례함. 공분산의 절대값이 크면 상관이 높고, 공분산이 0에 가까우면 상관계수는 0임

✔모집단 상관계수: $\rho_{xy} = \dfrac{\sigma_{xy}}{\sigma_x \sigma_y}$

✔표본집단 상관계수: $r_{xy} = \dfrac{S_{xy}}{S_x S_y} = \dfrac{\sum (X_i - \overline{X})(Y_i - \overline{Y})}{\sqrt{\sum (X_i - \overline{X})^2 (Y_i - \overline{Y})^2}}$

where, S_{xy}: X와 Y의 공분산

S_x: X의 표준편차

S_y: Y의 표준편차

공분산을 표준편차로 나누어 줌으로써 단위를 표준화 시킨단다.
그래서 상관계수 값은 −1~1사이의 값을 가지게 되지.

선생님!! 질문이요??
Karl Pearson 상관계수는 어떤 값을 가져요?

2. 특징

2. 특징

자연독립성 (location-free)

두 변수에 일정한 값을 규칙적으로 더하거나 빼도 상관계수는 변하지 않음

척도독립성 (scale-free)

어떤 값을 규칙적으로 각기 두 변수에 곱하거나 나누어 주어도 상관계수는 변하지 않음

3. 해석

3. 해석

상관계수 해석	상관계수 값은 −1~1사이의 값을 가지고 +,− 부호는 양의 상관과 음의 상관을 나타내고, 보통 0.4 이상인 값을 가지면 상관관계가 있다고 해석함

상관계수의 값	상관계수 정도
0.00~0.20	상관이 거의 없음
0.20~0.40	상관이 낮음
0.40~0.60	상관이 있음
0.60~0.80	상관이 높음
0.80~1.00	상관이 매우 높음

4. 기본가정

4. 기본가정

선형성 (linearity)

상관계수는 두 변수의 관계가 선형성을 만족시켜야함. 먼저 산포도를 그려서 선형성이 있는지 확인해야 함

등분산성 (homoscedastic)

두 변수들을 대표하는 직선을 그어 독립변수의 어떤 지점에서도 종속변수의 흩어진 정도가 같음을 말함

◎ 상관관계의 형태

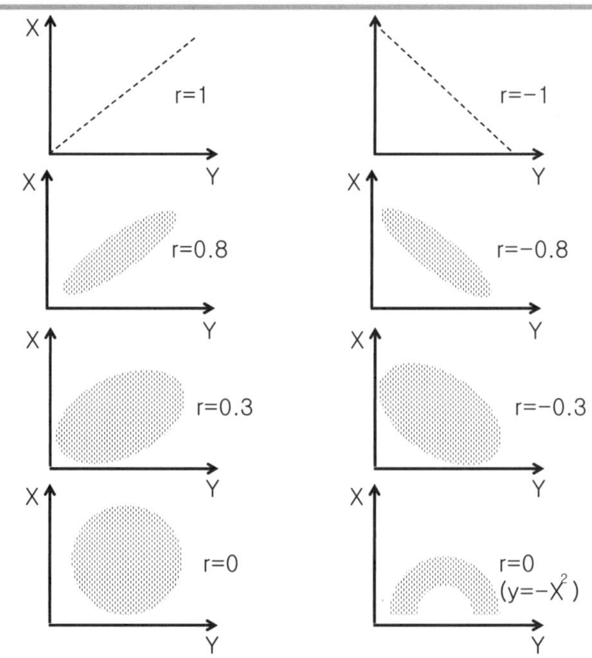

IV. 상관계수의 종류

1. 적률상관계수(product moment correlation coefficient)

Kral Pearson의 적률상관계수	독립변수와 종속변수가 모두 연속변수 일 때 상관의 정도를 분석, 일반적으로 사용하는 상관계수

$$r_{xy} = \frac{S_{xy}}{S_x S_y}$$

Tip

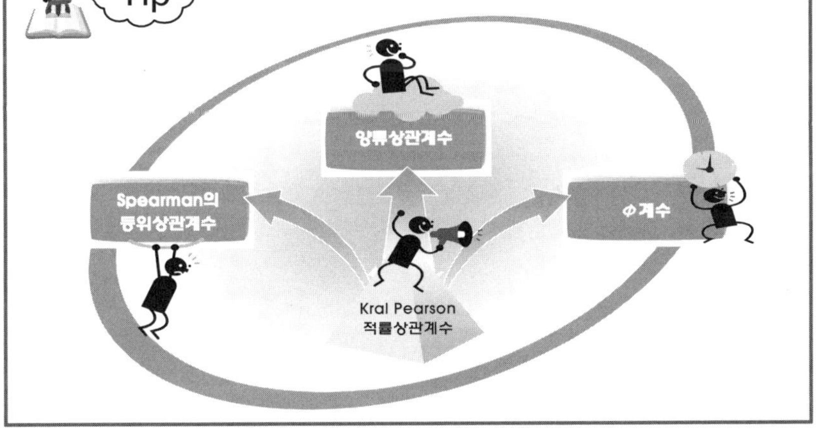

2. 등위상관계수(rank correlation coefficient)

Spearman의 등위상관계수	X, Y변수 모두가 연속변수가 아닌 서열척도에 의한 비연속변수일 경우, 상관계수의 특수한 형태임

$$r_s = 1 - \frac{\sigma \sum D_i^2}{n^3 - n}, \quad \text{where} \quad D_i = X_i - Y_i$$

1. 적률상관계수

2. 등위상관계수

3.양류상관계수

3. 양류상관계수(point-biserial correlation coefficient)

양류상관계수	독립변수가 명명척도에 의하여 두 종류로 명확히 구분된 질적변수이며 종속변수가 연속적인 양적변수일 때 사용

$$r_{pb} = \frac{\overline{Y_H} - \overline{Y_L}}{S_Y} \cdot \sqrt{pq}$$

여기서,
- $\overline{Y_H}$: 종속변수의 평균이 높은 집단의 평균
- $\overline{Y_L}$: 종속변수의 평균이 낮은 집단의 평균
- S_Y : 종속변수의 표준편차
- p : 한 집단에 소속된 사례 수의 비율
- q : 다른 집단에 소속된 사례 수의 비율

4. ∅계수

4. ∅계수(phi coefficient)

Φ계수	특수한 경우로 독립변수와 종속변수 모두 명명척도에 의하여 이분된 질적변수로 되어 있을 때 두 변수간의 상관정도 분석

2x2 분할표를 다음과 같이 나타내면

a	B
c	d

$$\phi = \frac{ad - bc}{\sqrt{(a+b)(c+d)(a+c)(b+d)}}$$

V. 실전예제

예 제

다음은 도로 구간별 사고건수와 여러 가지 속성들에 관한 자료이다. 사고건수와 각 속성들이 어떤 상관관계를 가지고 있는지 분석해보자.

풀이

spss 통계 패키지를 이용할 때 data의 입력은 엑셀(excel)을 사용하는 것이 편리함.

① 엑셀에 다음의 data를 세로방향으로 입력함

– 첫 번째 칸에는 변수명이 들어가고, 세로로 속성값을 기입

Microsoft Excel – 사고건수

	A	B	C	D	E	F	G	H
1	곡선반경	설계속도	종단구배	교차로갯수	교차로밀도	횡단길어깨	교통량	사고건수
2	5000	60	0	0	0	5	8509	1
3	4500	70	0	0	1	5	9286	2
4	3000	70	2	0	1	2	11804	2
5	3000	70	2	0	1	2	12246	2
6	3000	60	3	0	1	2	16178	3
7	4000	60	0	0	0	5	8803	1
8	2000	70	2	0	0	3	12087	2
9	1500	70	3	0	1	2	14655	3
10	1000	80	1	1	2	1	19281	4
11	3000	70	0	0	0	3	11172	2
12	1000	80	1	0	1	1	18570	4
13	500	70	0	1	1	3	11172	3
14	450	80	2	2	5	1	23600	7
15	2000	70	1	0	0	2	11690	3
16	300	80	5	3	6	1	23662	8
17	1500	80	0	1	2	2	12999	4
18	350	80	6	2	4	2	17345	6
19	3500	60	1	1	2	4	10674	2
20	2000	60	0	0	0	3	9574	3
21	300	80	3	1	3	1	20759	7
22	200	80	2	0	1	3	11846	6
23	200	80	4	2	6	1	27152	8
24	150	80	4	3	6	1	16932	8
25	2500	70	0	0	1	5	8415	2
26	130	80	5	3	7	1	27152	10
27	1500	70	0	0	1	2	14598	4
28	100	80	4	3	7	1	24878	12
29	120	80	6	3	9	1	36790	14

② spss에서 앞의 입력파일을 불러옴
(open file에서 파일형식을 ▼를 눌러 All file(*.*)이나 Excel(*,xls) 을 선택하여 입력한 excel 파일을 불러옴)

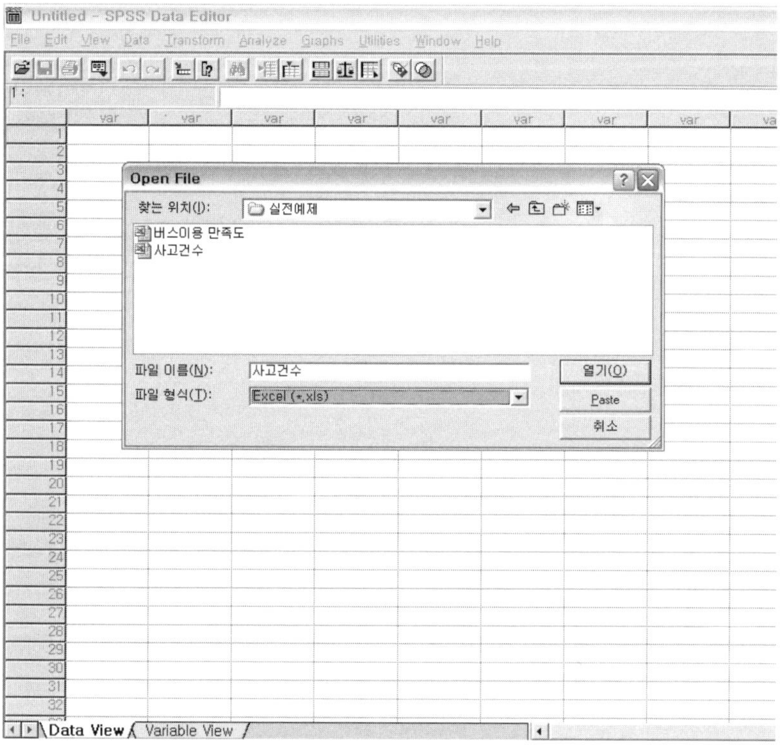

③ Variable View에서는 변수명을 변경하거나, 소수점 이하 자리수를 0으로 하여 정수로 바꿔줌. 나머지 값들은 디폴트(default) 값을 그대로 적용함

④ 상관분석을 실시하기 위해 탑메뉴에서 Analyze→Correlate→Bivariate를 선택

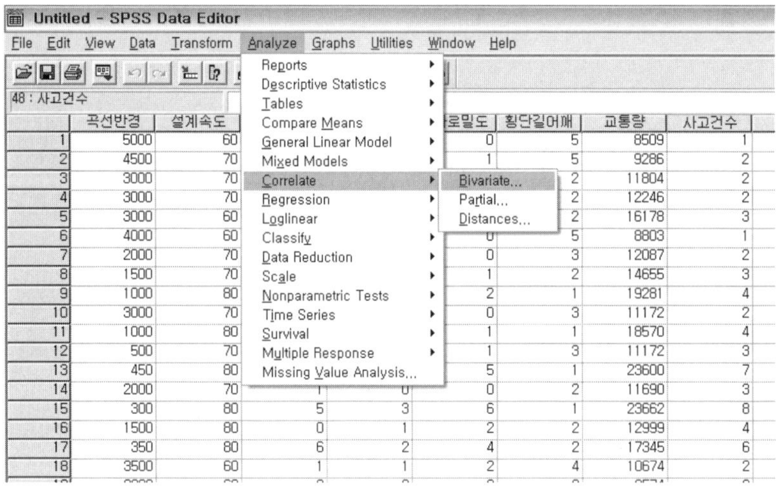

⑤ 분석할 변수를 오른쪽으로 이동한 후 OK를 누른다. 상관분석을 위해 필요한 기본적인 사항은 이미 설정되어 있기 때문에 바로 분석을 실시해도 무관하다. 다른 속성이 필요할 경우 선택하고 분석을 실시

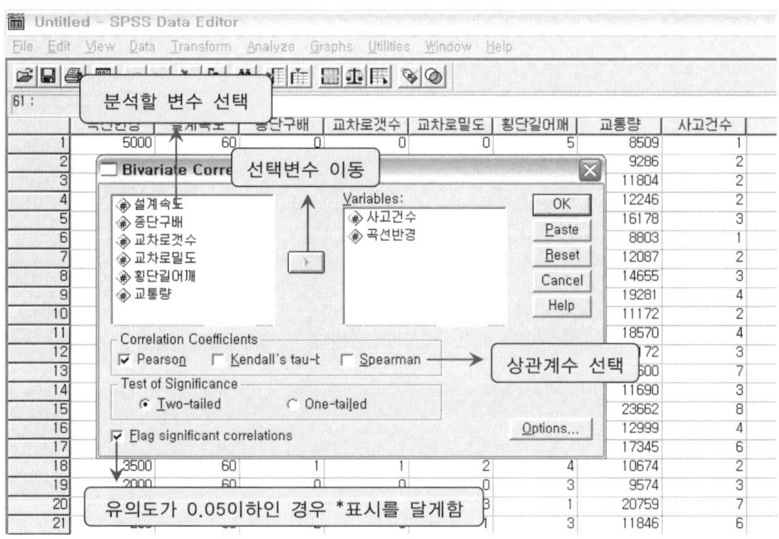

⑥ 결과해석

Correlation

		곡선반경	사고건수
곡선반경	Pearson Correlation	1	-.727**
	Sig.(2-tailed)		.000
	N	45	45
사고건수	Pearson Correlation	-.727**	1
	Sig.(2-tailed)	.000	
	N	45	45

**Correlation is significant at the 0.01 level (2-tailed).

㉠ 가로와 세로가 만나는 셀이 결과값임

㉡ Pearson Correlation: 피어슨의 적률상관관계 계수
-같은 변수간의 상관관계는 동일변수이기 때문에 '1'
-곡선반경과 사고건수는 -.727로 곡선반경이 커질수록 사고건수는 줄어드는 것을 나타낸 음의 상관관계로 높은 상관관계를 가지고 있음

㉢ Sig. : 상관관계의 유의도
-유의도는 0.000으로 0.01보다 작기 때문에 적률상관관계에서 별표 두 개(**)로 표시됨(분석옵션에서 유의도가 0.05보다 작을 경우 *를 달게 했기 때문에 *가 표시됨. 0.01보다 작을 경우 *가 두 개 달림)

㉣ N: 분석에 사용된 사례수

결론적으로 곡선반경과 사고건수는 높은 상관관계를 보이므로 곡선반경이 사고건수에 미치는 영향이 크다고 할 수 있다. 즉, 곡선반경이 클수록 사고는 적게 일어나고, 곡선반경이 작을수록 사고가 일어날 확률이 크다고 볼 수 있다.

예 제

다음은 버스를 이용하는 사람들의 버스 이용에 대한 만족도를 설문조사한 자료이다. 버스이용만족도에 영향을 주는 요소는 어떠한 것들이 있는지 상관분석을 통하여 알아보자.

풀이

① 엑셀에 data 입력 or spss에 직접 입력

	A	B	C	D	E	F	G	H	I
1	총서비스	편의성	경제성	이동성	안정성	신뢰성	친절성	쾌적성	접근성
2	2	3	3	4	4	4	2	2	2
3	2	2	3	3	2	3	3	3	2
4	2	3	3	2	1	2	1	2	2
5	2	2	2	4	2	3	3	3	3
6	4	4	2	2	3	4	4	4	3
7	4	3	1	3	2	4	4	3	4
8	4	4	2	4	3	4	4	5	2
9	3	3	2	4	2	2	3	3	4
10	2	2	1	4	4	4	4	2	2
11	3	4	2	3	3	2	3	4	3
12	4	4	1	2	4	3	4	3	4
13	5	4	2	2	3	4	4	4	3
14	4	1	2	4	2	2	4	4	4
15	4	5	3	4	3	2	3	4	3
16	2	2	2	2	2	3	2	2	3
17	3	2	4	4	2	2	2	2	4
18	1	2	2	2	1	1	2	2	2
19	1	2	1	2	2	1	2	2	2
20	3	2	3	2	2	3	3	2	3
21	2	3	4	4	2	4	3	4	5

② Excel 입력자료 불러오기

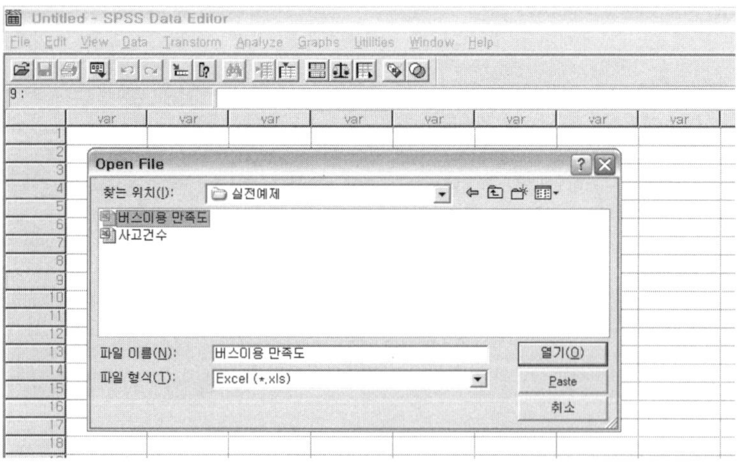

③ Variable view에서는 설문조사를 5점 리커트척도(만족도를 매우만족부터 매우불만족까지 5단계로 나눔)로 작성했기 때문에 values에 각 숫자에 대한 설명을 기입

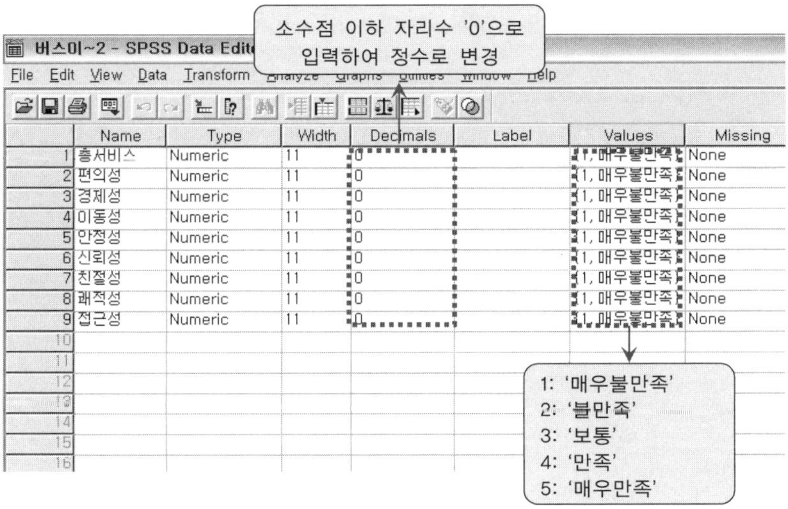

④ 상관분석을 실시하기 위해 탑메뉴에서 Analyze→Correlate→Bivariate를 선택

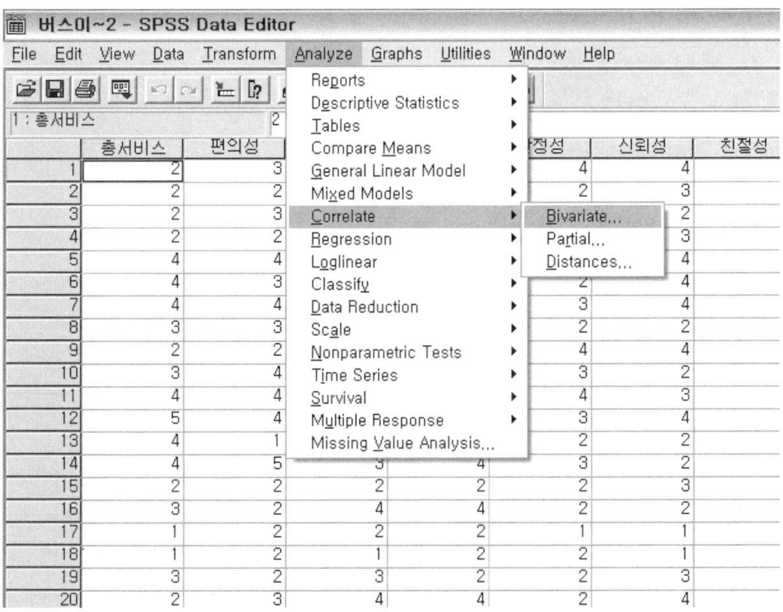

⑤ 분석할 변수를 오른쪽으로 이동한 후 OK를 누른다. 상관분석을 위해 필요한 기본적인 사항은 이미 설정되어 있기 때문에 바로 분석을 실시해도 무관하다. 다른 속성이 필요할 경우 선택하고 분석을 실시

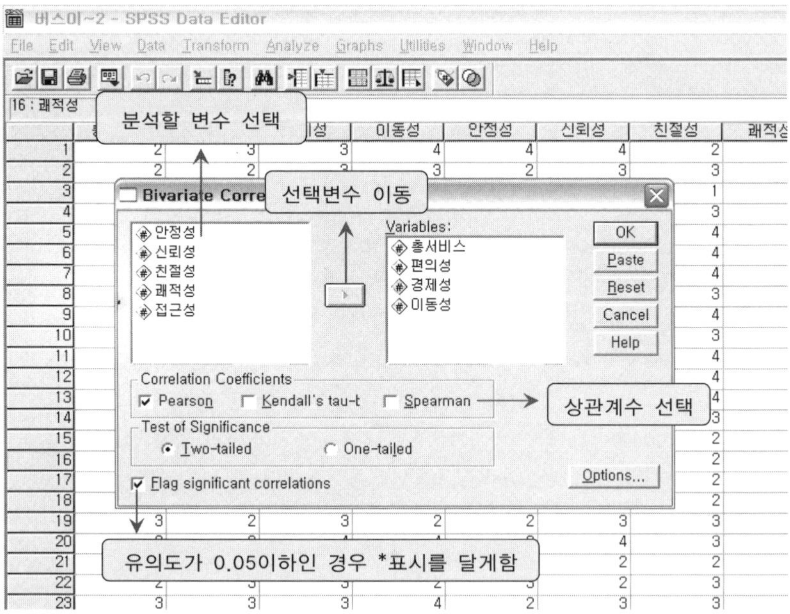

⑥ 결과화면

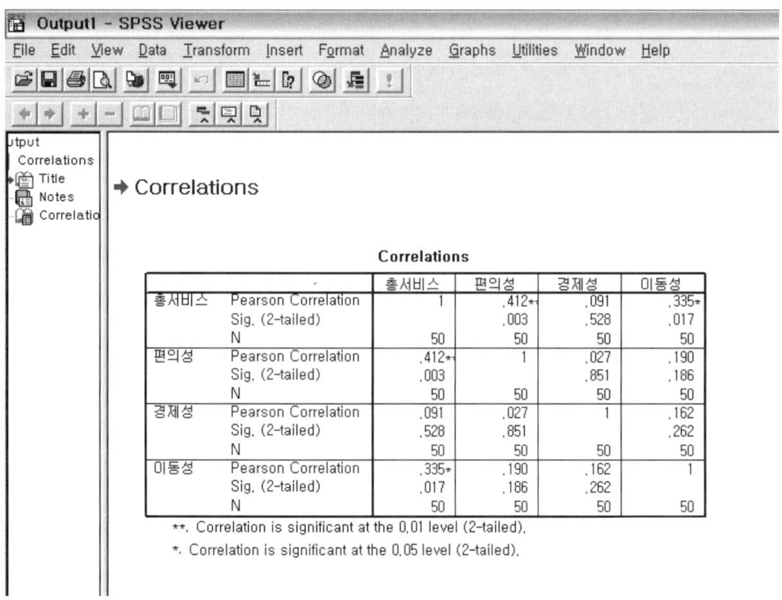

Correlations

		총서비스	편의성	경제성	이동성
총서비스	Pearson Correlation	1	.412**	.091	.335*
	Sig. (2-tailed)		.003	.528	.017
	N	50	50	50	50
편의성	Pearson Correlation	.412**	1	.027	.190
	Sig. (2-tailed)	.003		.851	.186
	N	50	50	50	50
경제성	Pearson Correlation	.091	.027	1	.162
	Sig. (2-tailed)	.528	.851		.262
	N	50	50	50	50
이동성	Pearson Correlation	.335*	.190	.162	1
	Sig. (2-tailed)	.017	.186	.262	
	N	50	50	50	50

**. Correlation is significant at the 0.01 level (2-tailed).

*. Correlation is significant at the 0.05 level (2-tailed).

⑦ 결과해석

Correlation

		총서비스	편의성	경제성	이동성
총서비스	Pearson Correlation	1	.412**	.091	.335*
	Sig.(2-tailed)		.003	.528	.017
	N	50	50	50	50
편의성	Pearson Correlation	.412**	1	.027	.190
	Sig.(2-tailed)	.003		.851	.186
	N	50	50	50	50
경제성	Pearson Correlation	.091	.027	1	.162
	Sig.(2-tailed)	.528	.851		.262
	N	50	50	50	50
이동성	Pearson Correlation	.335*	.190	.162	1
	Sig.(2-tailed)	.017	.186	.262	
	N	50	50	50	50

**Correlation is significant at the 0.01 level (2-tailed).
*Correlation is significant at the 0.05 level (2-tailed).

㉠ 가로와 세로가 만나는 셀이 결과값임

㉡ Pearson Correlation: 피어슨의 적률상관관계 계수

-총서비스와 편의성이 .412로 가장 높은 상관관계를 보여주고 있고, 편의성과 경제성이 .027로 가장 낮은 상관관계를 보여주고 있음

-전체적으로 0.5를 넘지 않아 높은 상관관계를 가지고 있다고 보기는 어려움

㉢ Sig. : 상관관계의 유의도

-유의도는 유의수준 0.05로 했을 때 총서비스와 편의성은 .003, 총서비스와 이동성은 .017로 통계적으로 유의한 상관관계를 가지고 나머지 변수들의 상관관계는 유의수준 0.05에서 유의하지 않음

㉣ N: 분석에 사용된 사례수

•결론적으로 분석된 변수중 버스이용 만족도에 영향을 주는 변수는 편리성과 이동성이고, 경제성은 큰 영향을 주지 않는 것으로 나타났다.

•대체로 회귀분석을 실시하기 전에 상관분석을 실시하기 때문에 상관분석의 결과로 회귀분석의 결과를 대략적으로 추정할 수 있다.

제 12 장

회귀분석

Ⅰ 회귀분석이란

Ⅱ 회귀분석의 역할

Ⅲ 회귀식의 추정 방법

Ⅳ 적합도 측정 방법

Ⅴ 더미변수를 포함한 회귀분석

Ⅵ 실전예제

Ⅰ. 회귀분석이란

1. 회귀분석

회귀분석	독립변수가 종속변수에 미치는 영향력의 크기를 측정하여 독립변수의 일정한 값에 대응되는 종속변수의 값을 예측하기 위한 방법

2. regression to the mean

평균으로의 회귀현상 (regression to the mean)

- 갈톤(F.Galton, 1822~1911): 영국의 유전학자로 두 변수간의 상관과 예언에 관한 통계적 분석방법 처음 제시
- 부모의 키와 자녀의 키의 관계가 유전적으로 어떻게 영향을 받는지 관심
- 작은 키의 부모의 자식은 부모보다 크게, 큰 키의 부모의 자식은 부모보다 작게 나타남
- 이 세상의 많은 현상들이 평균으로 향하는 경향을 regression to the mean이라 함

ex

부모와 자식의 키에 대한 유전적인 현상을 분석하였다.

sol)

✔ 키 큰 부모 → 자녀 대부분이 키가 크다
(부모보다는 좀 작음)

✔ 키 작은 부모 → 자녀 대부분이 키가 작다
(부모보다는 좀 크다)

✔ 평균적인 키 부모 → 자녀 대부분이 평균적인 키를 갖기 쉽다

Tip

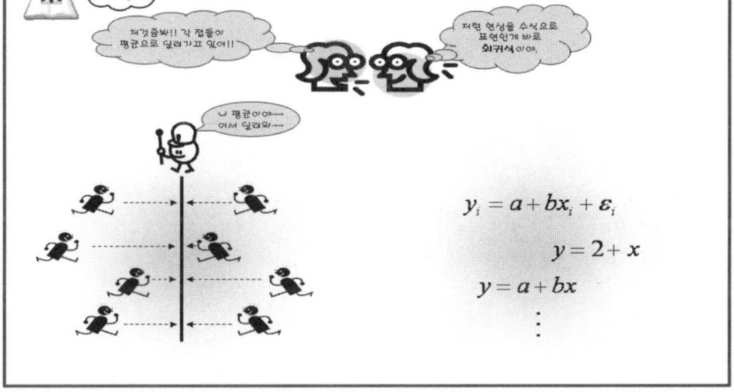

1.회귀분석

2.regression to the mean

1. 회귀분석의 역할

2. 확정적 모형 vs 확률적 모형

Ⅱ. 회귀분석의 역할

1. 회귀분석의 역할

회귀분석의 역할	•가설의 형태로 되어 있는 두 변수의 관계를 실제 현상에서 확인해 보고자 하는 것 •한 변수를 기초로 하여 다른 변수를 추정할 수 있음

2. 확정적 모형 vs 확률적 모형

확정적 모형(deterministic model)

두 변수 사이의 규칙이 1대 1의 관계로서 결정되는 모형

$$Y = \alpha + \beta X$$

확률적 모형(probabilistic model)

독립변수의 값이 주어졌을 때 종속변수의 값이 오차를 가지고 확률적으로 결정되는 모형

$$Y = \alpha + \beta X + \varepsilon$$

여기서, Y : 종속변수, X : 독립변수(설명변수)
α, β : 모수(회귀계수), ε : 오차항(확률변수)

ex

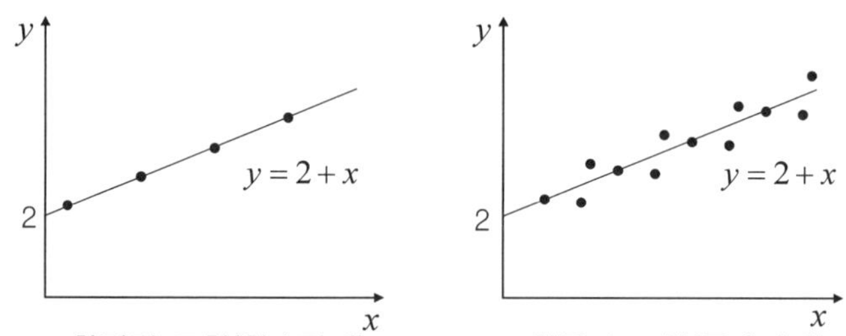

확정적 모형(함수관계) 확률적 모형(통계관계)

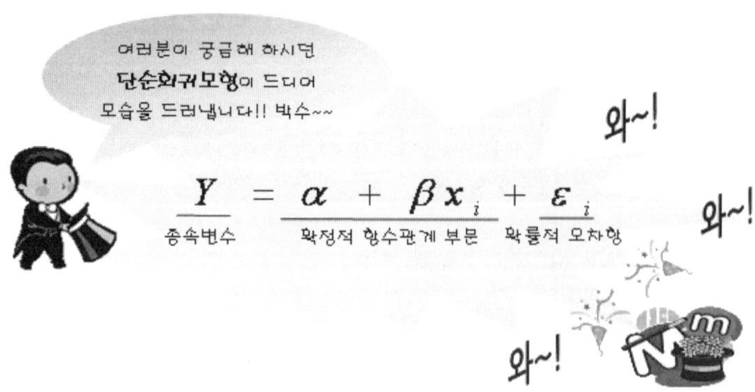

3. 오차항(ϵ_i)의 가정

오차항(ε_i)의 가정

가. ε_i 의 평균은 0이다.
(모집단의 개별관찰치와 추정치의 차이가 평균적으로 0임)

나. ε_i 의 분산은 독립변수 X의 값에 상관없이 일정하다.
(X값이 바뀌어도 Y에 대한 오차의 분산은 일정함)

다. 독립변수 X는 고정된 값을 갖는다.
(X값은 일정한 확률분포를 가지고 나타나는 것이 아니고 사전에 주어지는 것이라고 가정)

참고: 회귀분석은 X를 주어진 수치로 가정하고, 상관분석은 X · Y 모두를 확률변수로 가정

라. 서로 다른 관측치의 오차는 독립적이다.
(서로 다른 X값에서 나타나는 오차들은 서로 관계가 없음)

마. ε_i 는 정규분포를 따른다.
(가설검정, 구간추정에 필수적인 가정)

ex

성적과 학습량의 관계 그래프

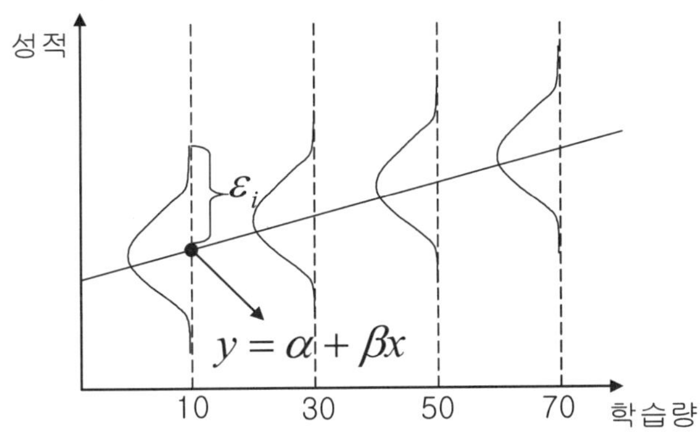

☞회귀모형의 분석은 확률적 모형에서 오차항에 대하여 일정한 가정을 하고 종속변수와 독립변수의 평균적인 관계를 알아보는 것

3. 오차항(ϵ_i)의 가정

4. 주요가정 검정
(1)다중공선성

4. 주요가정 검정

(1) 다중공선성

다중공선성 (multicollin-earity)	독립변수간에 상관관계가 높게 존재하여, 하나가 증가할 때 다른 독립변수 값이 증가하거나 감소하는 현상

판단기준

분산팽창계수(VIF) (Variance inflation factor)	$$VIF = \frac{1}{1-R^2}(IF < 10, O.K)$$ (10보다 적으면 다중공선성 문제가 적은 것으로 판단)
공차한계(TOL) (Tolerance Limit)	$$TOL = \frac{1}{VIF}(IF > 0.1, O.K)$$ (0.1보다 크면 다중공선성이 없는 것으로 판단)

⇨ 두 값은 역수관계에 있으므로 같은 기준임.

해결책

독립 변수들이 다중공선성을 가지는 경우
① 하나의 변수를 제거하거나 ② 요인분석을 통해 묶어서 사용함.

(2)자동상관

(2) 자동상관

자동상관 (autocorre-lation)	시간이나 공간에 따라 배열된 일련의 관측치들 간의 상관관계. 시계열자료(time-series data)를 이용한 회귀분석시 연이은 두 시점의 잔차항 사이에 흔히 발생

판단기준

더빈왓슨 계수 (Durbin-Watson)	"0 ~4 사이 값을 가짐" -0에 가까우면 ⇒ 정의 상관관계 - 4에 가까우면 ⇒ 부의 상관관계 - 1.5 ~ 2.5 사이값 ⇒ 자기상관 무시

해결책

다음 3가지 사항을 먼저 체크함.

- 주요설명변수가 모형에서 누락되었는지
- 자료와 함수의 형태가 적합한지
- 종속변수가 어떠한 주기로 변동하는 경향이 있는지

⇒ 일반화된 최소자승법(Generalized least squares)으로 회귀식을 추정하면 해결가능

Ⅲ. 회귀식의 추정 방법

1. 표본회귀식을 어떻게 결정할 것인가

1. 표본회귀식을 어떻게 결정할 것인가

• 표본을 통해 여러 가지 회귀식이 도출되어질 때 어떤 회귀식이 가장 좋다고 할 수 있는가??
→ 잔차를 가장 적게 해줄 수 있는 회귀식

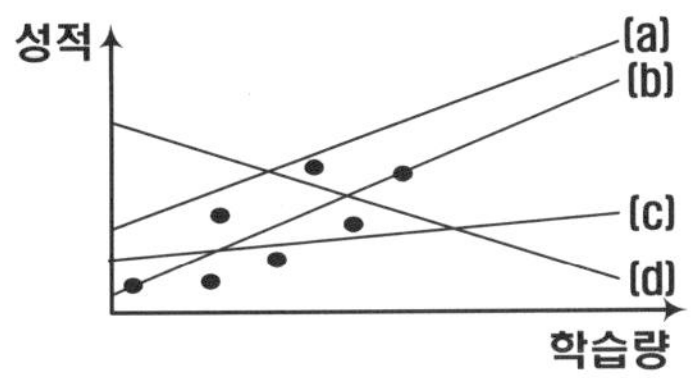

다음 회귀선 (a)~(d) 중 표본을 가장 잘 설명하는 것은 어느 것인가?

⇨ 대략 회귀선 (b)라고 볼 수 있음

2. 잔차를 줄이는 방법

2. 잔차를 줄이는 방법

잔차를 줄이는 방법

잔차 합 최소	잔차 절대값 합 최소	잔차 제곱합 최소
$\min\sum e_i = \min\sum(Y_i - \hat{Y}_i)$	$\min\sum\lvert e_i\rvert = \min\sum\lvert Y_i - \hat{Y}_i\rvert$	$\min\sum e_i^2 = \min\sum(Y_i - \hat{Y}_i)^2$
개별적인 잔차의 크기가 총 잔차에는 반영되지 않음	수식으로 계산하기 복잡함	최소자승법이라 하고 널리 사용됨

그건 말이야 표본에서 통계치를 구할 때 그 통계치가 모집단의 모수치를 가장 잘 설명하는 추정치를 통계적으로 우수하다고 하지!!

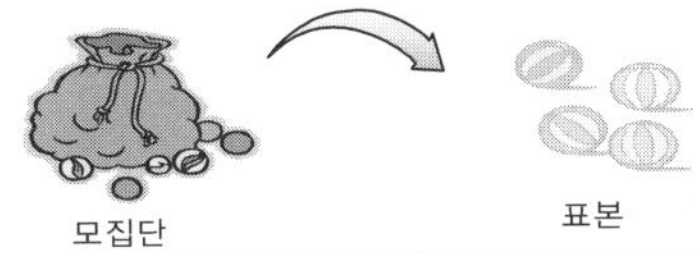

3.회귀선

3. 회귀선(regression line)

•회귀분석에서 회귀선의 이해는 무엇보다 중요함
•중 · 고등학교에서 배운 일차함수와 비교하여 이해하기 바람

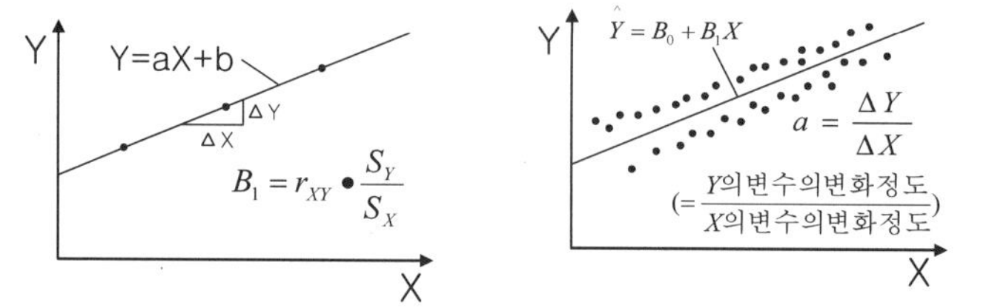

(a) 함수관계 : 확정적 모형 (b) 통계관계 : 확률적 모형

(a)의 그래프 형태는 (b)에서 상관관계가 1.0일 경우를 나타내고 있음

IV. 적합도 측정 방법

1.적합도 검정

1. 적합도 검정(goodness of fit)

•표본회귀선이 각 관찰치들을 얼마나 잘 나타내고 있는가의 평가 방법

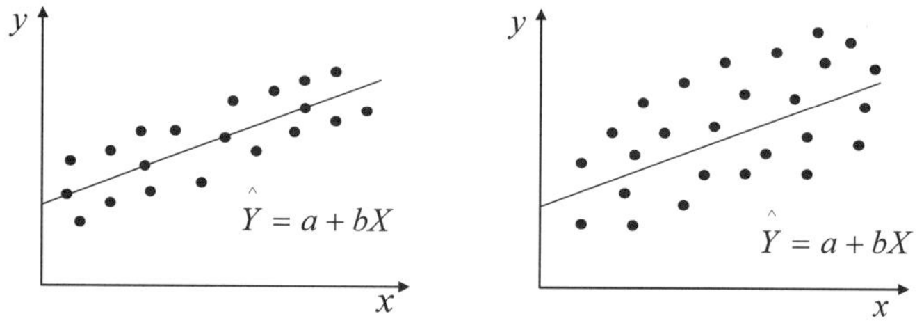

(A)가 (B)에 비해 회귀선이 관찰치들을 잘 성명하고 있다.
따라서, (A)의 회귀선이 자료에 더 적합하다고 봄

•결정계수와 추정의 표준오차로 적합도 판정

2.결정계수

2. 결정계수(R^2: coefficient of determination)

•회귀식의 적합도 판정기준으로 총 변화량 중 설명된 변화량의 비율로 나타냄. 0~1 사이 값을 가짐

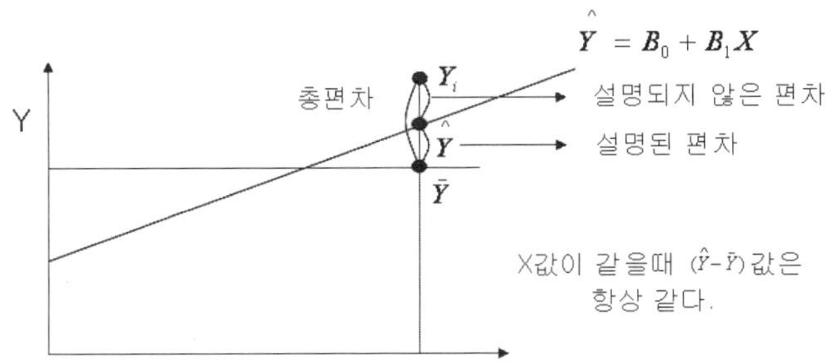

총편차 (Total deviation)	=	설명된 편차 (Explained deviation)	+	설명되지 않은 편차 (Unexplained deviation)

$$\sum (Y_i - \bar{Y}) = \sum (\hat{Y}_i - \bar{Y}) + \sum (Y_i - \hat{Y})$$

⇩ Σ(합하면)=0이므로 양변 제곱

총 변동(SST) (Sum of squares of total deviation)	=	설명된 편차의 제곱합(SSE) (Sum of squares of explained deviation)	+	설명되지 않은 편차의 제곱합(SSU) (Sum of squares Unexplained deviation)

$$\sum (Y_i - \bar{Y})^2 = \sum (\hat{Y}_i - \bar{Y})^2 + \sum (Y_i - \hat{Y})^2$$

$$R^2 = \frac{\text{설명된 변화량}}{\text{총 변화량}} = \frac{SSE}{SST} = \frac{\sum (\hat{Y}_i - \bar{Y})^2}{\sum (Y_i - \bar{Y})^2}$$

1에 가까울수록 설명력이 높음. 만약 R^2=0.6이라면, 이 회귀식은 60%의 설명력을 가진다고 봄.

☞결정계수는 설명변수의 수를 늘릴수록 그 변수의 수가 유용한 것이든 아니든 높은 값(1에 가까운 값)을 가지는 문제가 발생

☞추정된 회귀식 중 설명변수가 다를 경우 '수정된 $\bar{R}^2$ (R^2)'를 사용

$$\bar{R}^2 = 1 - \frac{n-1}{n-p-1}(1-R^2)$$

☞여기서,
n:표본의 수
P:설명변수의 수

3.추정의 표준오차

3. 추정의 표준오차(Se: standard error of the estimate)

• 표본회귀식에서 얻은 추정치와 실제 관찰치 사이에 나타나는 잔차들의 표준편차임

$$Se = \sqrt{\frac{\sum(Y_i - \widehat{Y}_i)^2}{n-k-1}} = \sqrt{\frac{SSE}{n-k-1}}$$

여기서, n: 표본의 수

k: 독립변수의 수

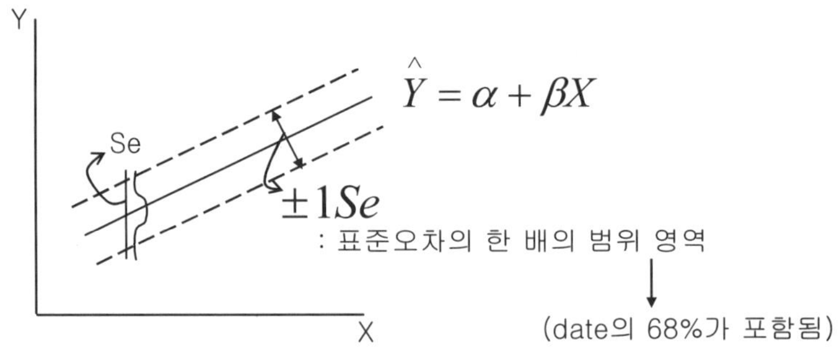

• Se의 의미는, ±1Se은 회귀식에서 관찰치의 68%를 ±2Se는 95%, ±3Se는 99%가 그 범위에 분포되어 있음.(Se가 작을수록 관측치들은 표본회귀식에 밀집되어 있음, 보통 ±2.5이하면 양호함)

Tip

표본회귀식의 적합도 검정 기준 — 장점과 단점

결정계수
- 장점: 여러 회귀식의 적합도 상대비교 가능
- 단점: 회귀식의 포함 오차를 보여줌

추정의 표준오차
- 장점: 각 회귀식의 구체적 오차를 볼 수 있음
- 단점: Y_i의 측정단위에 따라 다른 값으로 상대비교 불가

따라서, 표본 회귀식의 적합도 검정은 결정계수와 추정의 표준오차 둘 다 보는 것이 중요!!

V. 더미변수를 포함한 회귀분석

1. 더미변수

1.더미변수

더미변수 (Dummy variable)	0과 1의 어느 한쪽값 밖에 취하지 않는 인공변수

질적 데이터가 있는 회귀분석의 경우
: k종류의 카테고리가 있을 때에는 k-1개의 더미변수를 이용해서 질적데이터를 수치로 바꿈

ex

구분	잘못된 적용	올바른 적용
성별(남,여)	남자 X_1=1 여자 X_1=2	남자 X_1=0 여자 X_1=1
혈액형 (A,B,O,AB)	A X_1=0 B X_1=1 O X_1=2 AB X_1=3	X_1 X_2 X_3 A 1 0 0 B 0 1 0 C 0 0 1 AB 0 0 0

Tip

회귀식의 도출에서 검정해야 하는 것들!!!

1. **중요변수가 들어 있는지 검정하라.**
   ☞상관분석을 먼저 실시하여 분석가가 상관관계가 높은 변수를 파악하고 있어야 함

2. **자료의 자동상관 검정**
   ☞Durbin-Waston값(0~4) : 1.5~2.5사이 값이면 양호

3. **다중공선성 검정**
   ☞VIF, Tolerance값으로 검정: VIF〉10, Tolerance〈0.1 작으면 다중공선성이 있음

4. **회귀식이 전체적으로 의미를 가지는지 검정**
   ☞F검정: F값 옆의 유의수준값〈0.05이면 의미를 가짐

5. **독립변수 앞의 계수값에 의한 검정**
   ☞t검정: t값 〉 2면 유의함

6. **독립변수 앞의 계수값의 부호가 의미가 맞는가 검정**
   ☞일반적인 상식선에 근거하여 부호의 의미를 확인

7. **전반적인 설명력을 체크해야 함**
   ☞R^2(설명력을 나타냄), $\overline{R^2}$(독립변수의 개수가 다를 시 사용)

VI. 실전예제

단순선형 회귀분석

독립변수와 종속변수가 각각 하나일 경우 독립변수가 종속변수에 미치는 영향, 또는 어떤 관계가 있는지 등을 분석하고자 할 경우 사용

☞ y= Bx + A → 이런 형태의 회귀방정식 도출

※**참고**: 단순선형 회귀분석은 spss를 이용하지 않고 직접 계산할 수도 있음

회귀식: y= Bx + A

$$B = \frac{\sum(X-\overline{X})(Y-\overline{Y})}{\sum(X-\overline{X})^2}, \qquad A = \overline{Y} - B\overline{X}$$

여기서, X: 변수 X의 값

Y: 변수 Y의 값

$\overline{X}$: 변수 X의 평균

$\overline{Y}$: 변수 Y의 평균

다중선형 회귀분석

여러 독립변수가 동시에 한 종속변수에 미치는 영향을 분석할 경우 사용. 단순선형 회귀분석보다 더 정확한 결과를 얻어낼 수 있음

☞ $y = Dx_1 + Cx_2 + Bx_3 + A$ → 이런 형태의 회귀식 도출

✔회귀분석의 경우 변수들간의 관계가 중요함. 그러므로 회귀분석을 실시하기 전에 상관분석을 먼저 실시하여 변수들간의 관계를 대략적으로 파악하는 것이 중요함.

✔실전예제에서는 앞서 상관분석에서 분석한 예제를 이용하여 회귀분석을 실시하고자 함

예제 1) 단순선형 회귀분석

다음은 운동선수 20명의 운동에 대한 적성테스트 점수(x)와 운동능력(y)을 나타낸 것이다. 이 데이터로부터 운동에 대한 적성과 운동능력의 관계를 알아보자.

No.	1	2	3	4	5	6	7	8	9	10
x	41	35	34	40	33	42	37	42	30	43
y	32	20	35	24	27	28	31	33	26	41
No.	11	12	13	14	15	16	17	18	19	20
x	38	38	46	36	32	43	42	30	41	45
y	29	33	36	23	22	38	26	20	30	30

Step 1 → 산포도

① 실행방법

풀이

① 산점도 작성은 회귀분석의 첫 단계로, 설명변수 운동에 대한 적성(x)이 목적변수(y)에 미치는 영향을 살펴보기 위하여 작성함

탑메뉴 → Graphs → Scatters

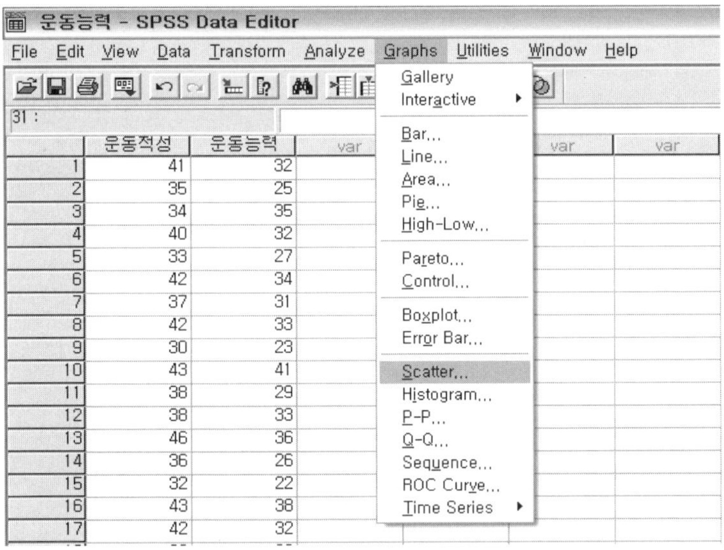

② 원하는 형태를 선택

Simple → Define

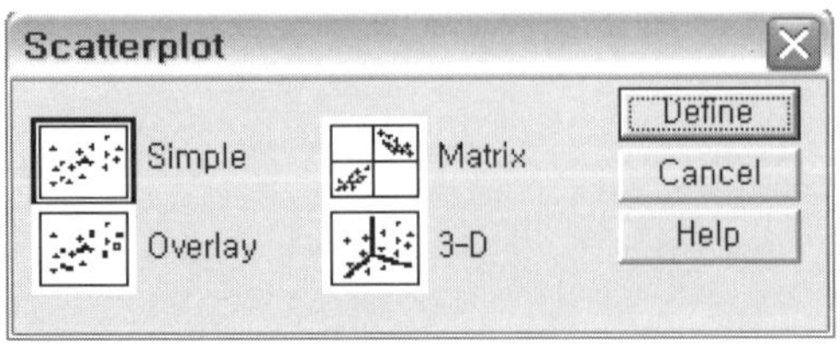

③ 설명변수와 목적변수 입력

X Axis → 설명변수 : 운동적성

Y Axis → 목적변수 : 운동능력

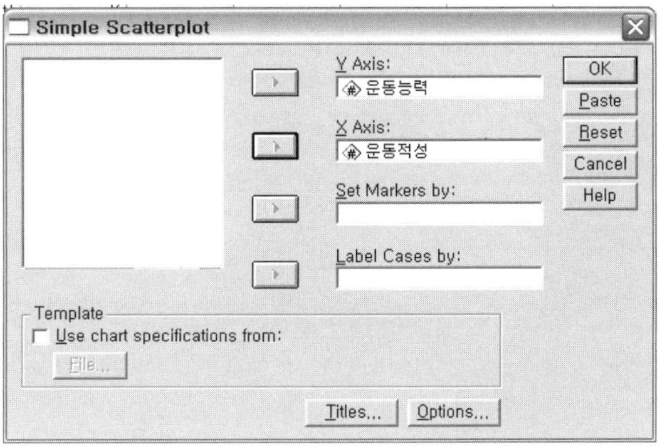

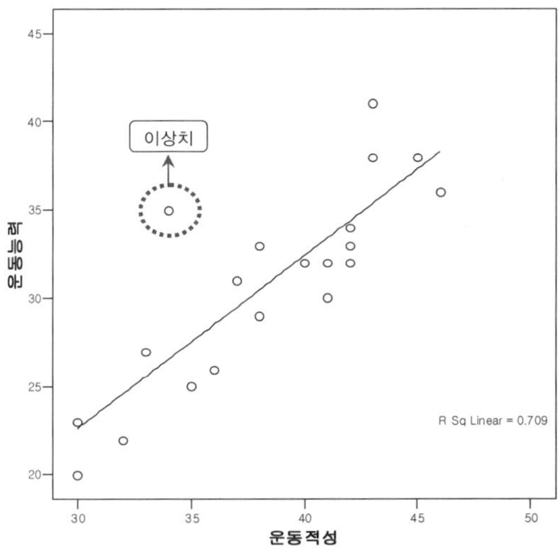

산포도는 X와 Y의 선형관계를 한눈에 알아볼 수 있게 해주는 그래프로, 위 그림에서는 두 변수간에 운동적성(X)이 커질수록 운동능력(Y)이 커지는 양의 상관관계를 가지고 있음. 즉, '운동에 재능이 있는 사람일수록 운동능력이 뛰어나다' 는 상관관계가 있다는 것을 알 수 있음. 표시된 점은 이상치로 두 변수간의 상관관계를 떨어뜨리는 값이므로 제거해주는 것이 바람직함.

② 결과해석

Step 2

→ 상관분석

① 실행방법

① 산포도 분석 후 운동적성과 운동능력의 상관관계 분석 실행

탑메뉴 → Correlation → Bivariate

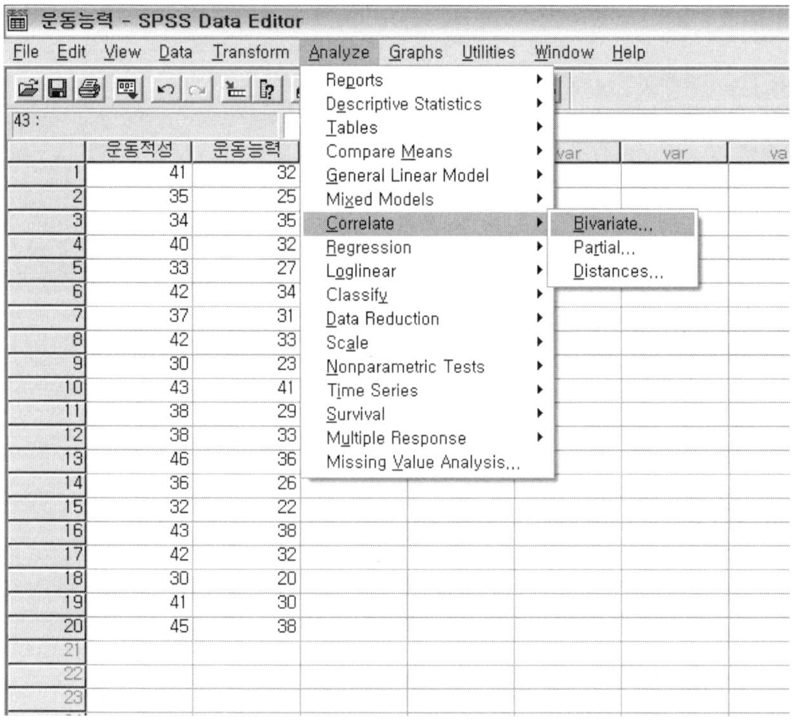

② 상관분석을 실시할 변수를 모두 선택하여 옮기고 분석 실행

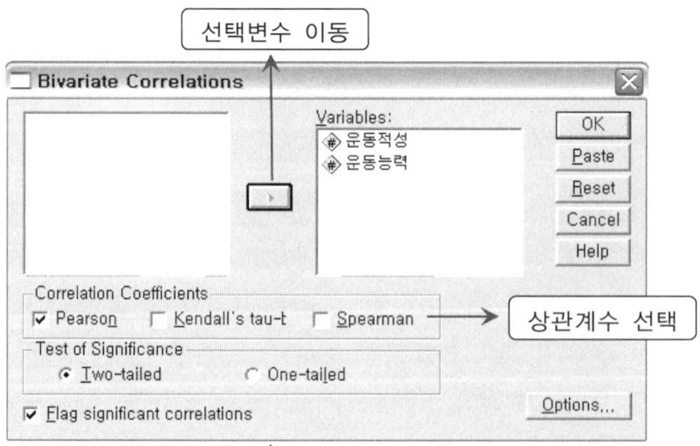

② 결과해석

Correlation

		운동적성	운동능력
운동적성	Pearson Correlation	1	.842**
	Sig.(2-tailed)		.000
	N	20	20
운동능력	Pearson Correlation	.842**	1
	Sig.(2-tailed)	.000	
	N	20	20

**Correlation is significant at the 0.01 level (2-tailed).

> **운동적성(x)과 운동능력(y)사이의 상관계수는 0.842로 높은 상관관계를 가짐. 유의도는 0.000으로 유의수준 95%에서 유의한 것으로 나타남. 분석에 사용된 표본수는 20개임.**

Step 3

→ **회귀분석**

① **실행방법**

① 운동적성과 운동능력의 관계를 유추할 수 있는 회귀식을 알아보기 위해 회귀분석을 실시

탑메뉴 → Regression → Linear

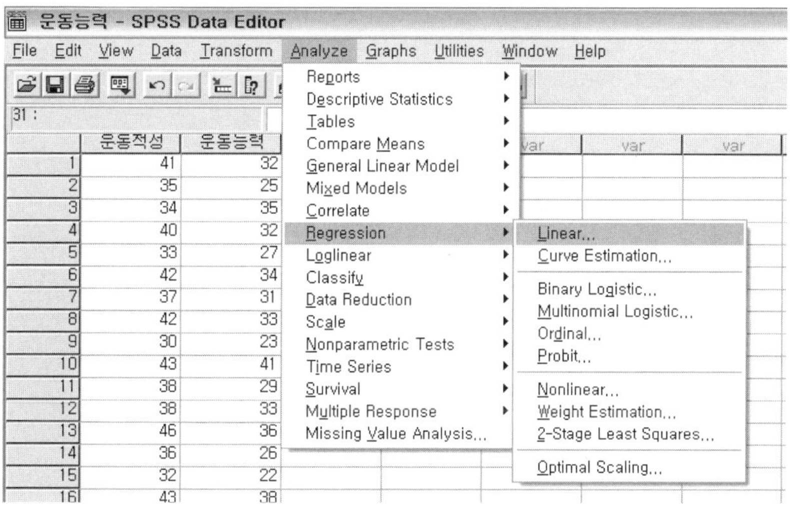

② 종속변수와 독립변수를 이동하고 분석방법은 Enter로 실행(나머지 방법은 중회귀분석 예제풀이 참고)

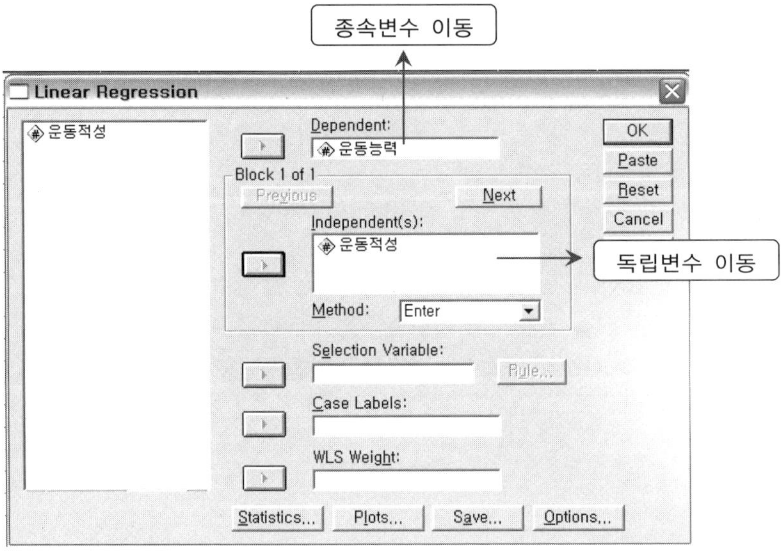

② 결과해석

Variables Entered/Removed[b]

Model	Variavles Entered	Variables Removed	Method
1	운동적성[a]	.	Enter

a. All requested variables entered.
b. Dependent Variable: 운동능력

독립변수는 운동능력, 종속변수는 운동적성이고, 분석방법은 Enter방법임

Model Summary

Model	R	R Square	Adjusted R Square	Std. Error of the Estimate
1	.842[a]	.709	.692	3.134

a. Predictors: (Constant), 운동적성

- R: 독립변수와 종속변수의 상관관계 정도로 0.842이면 높은 상관관계를 가지고 있음
- R Square: R^2로 설명력 또는 결정계수라고 함. 이는 상관관계의 제곱값으로 독립변수에 의하여 설명되는 종속변수의 비율. R^2이 1에 가까울수록 설명력이 높다고 할 수 있음

$$R^2 = \frac{\text{회귀식에 의해 설명된 변동}}{\text{목적변수 } y\text{의 총변동}}$$

- Adjusted R Square($\overline{R^2}$): 설명변수의 크기가 증가함에 따른 R^2의 무조건적인 증가를 보정해준 값
- Std. Error of the Estimate: 실제 y와 회귀식에 의해 예측된 y의 차이값. 보통 ±2.5 이내면 양호함

MSE=SSE/K
MSU=SSU/(n−k−1)
k: 독립변수의 수
n: 표본의 수

SSE(모형이 설명해 주는 부분)

SSU(설명되지 않는 부분)

ANOVA[b]

Model		Sum of Squares	df	Mean Square	F	Sig.
1	Regression	429.805	1	429.805	43.772	.000[a]
	Residual	176.745	18	9.819		
	Total	606.550	19			

a. Predictors: (Constant), 운동적성
b. Dependent Variable: 운동능력

F=MSE/MSU

SST(종속변수를 평균값으로 추정하는 경우 전체분산)

P값 < 0.05면 유의함

R^2=SSE/SST
=429.805/606.550
=0.709

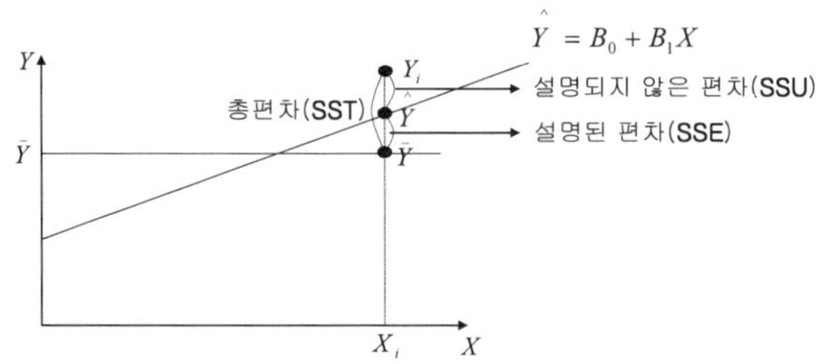

- 회귀분석에서 분산분석의 의미는 귀무가설(H_0)을 '$\beta_1 = \beta_2 = 0$', 대립가설(H_1)을 '적어도 하나는 0이 아니다'로 설정하여 독립변수의 각 집단별 평균차이가 있는지를 파악하고자 하는 것임
- 자유도1과 18로 F분포표에서 임계치를 찾으면 4.41, F값 43.772 이므로 귀무가설이 기각되고 대립가설이 채택되어 회귀식은 통계적으로 의미가 있음

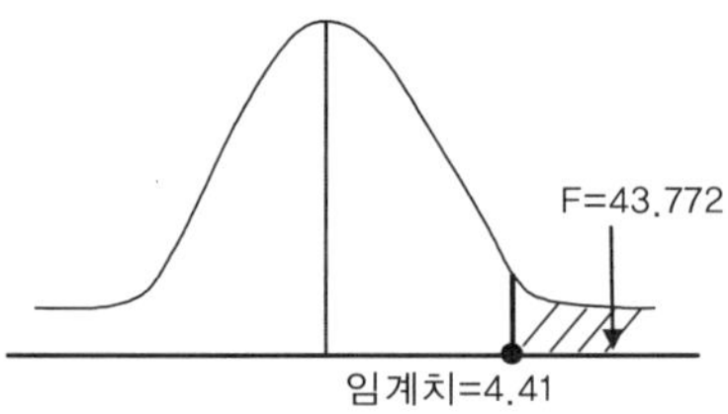

- P값이 0.05보다 작다는 것은 귀무가설을 기각해도 오류는 0.05보다 작으므로 회귀선의 모델이 적합하다는 것을 말해줌. 여기서 p값은 0.0000이므로 0.05보다 작아 유의함.

P값이 0.000으로 표시되는 것은 그 뒤에 자리까지 숫자가 있지만 모두 나타내지 못하여 소수 셋째 자리까지만 나타낸 것임

Coefficients[a]

Model		Unstandardized Coefficients		Standardized Coefficients	t	Sig.
		B	Std. Error	Beta		
1	(Constant)	-6.729	5.723		-1.176	.255
	운동적성	.979	.148	.842	6.616	.000

a. Dependent Variable: 운동능력

- Unstandardized Coefficients: 비표준화 계수로 회귀식 도출시 사용되는 계수값임. 이 값을 이용하여 회귀식을 도출하면,

$$y = -6.729 + 0.979x, \quad x=\text{운동적성}$$
$$(-1.176) \qquad (6.616)$$

- Standardized Coefficients: 표준화된 계수로 변수가 여러개일 경우 독립변수의 단위를 통일시켜 변수의 영향력을 비교할 수 있음
- t값: 편회귀계수가 의미를 가지는지 검정. 보통 2.0이상이면 양호함. t값이 6.616으로 2보다 크므로 계수값은 유의함.

$$t = \frac{\beta}{Std.Error}$$

- Sig.: 분석가가 설정한 유의수준보다 작으면 유의하다고 봄. 0.000이므로 0.05보다 작아서 통계적으로 유의함.

예제 2) 단순선형 회귀분석

다음은 도로 구간별 사고건수에 영향을 주는 여러 기하구조 및 교통조건들에 관한 자료이다.

회귀분석을 실시하여 사고건수에 관한 회귀식을 도출하라.

Step 1 → 산포도

풀이

① 실행방법

① 산포도 분석 실행

탑메뉴 → Graphs → Scatters

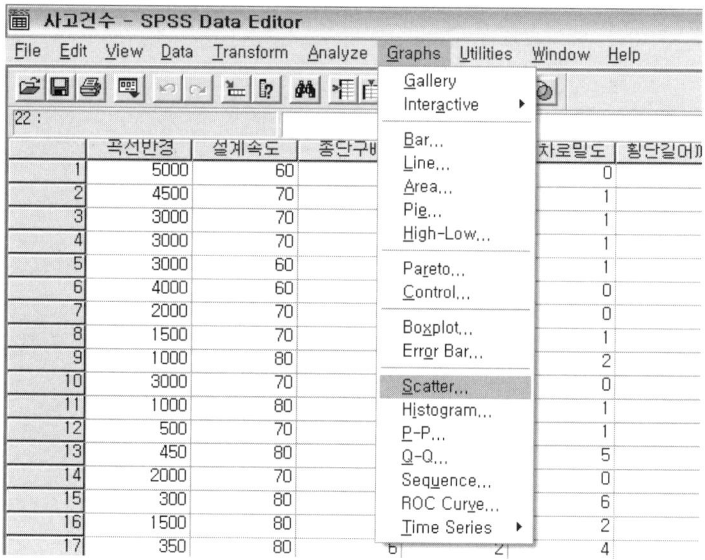

② 원하는 형태를 선택

Simple → Define

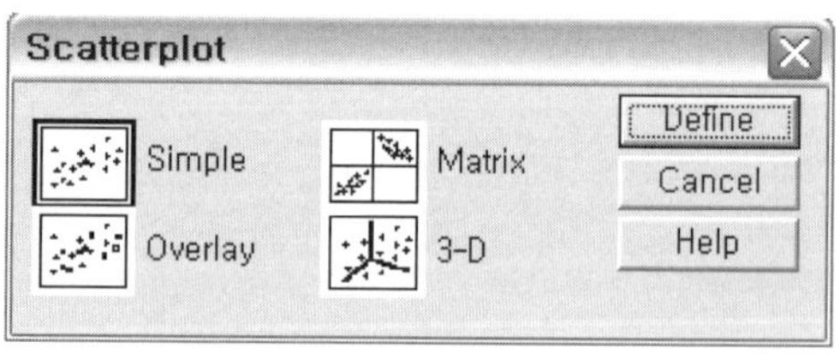

③ 분석할 종속변수와 독립변수를 선택하여 이동

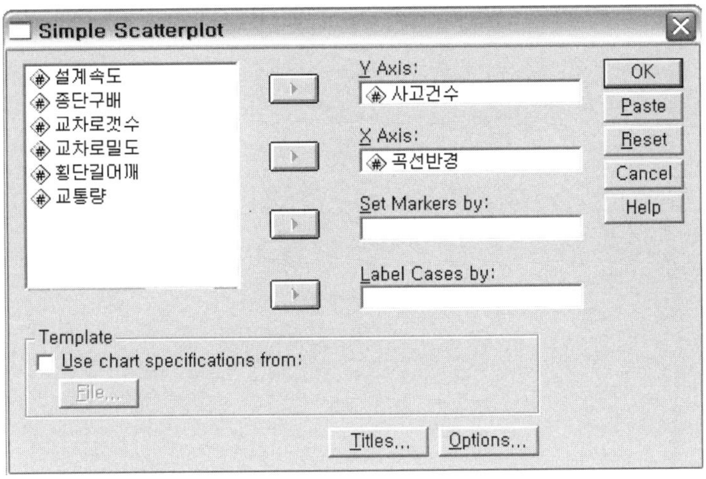

② 결과해석

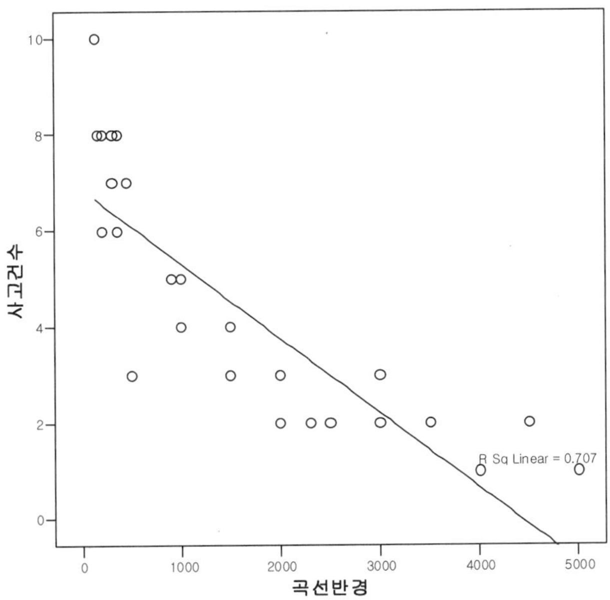

위 그림에서는 두 변수간에 곡선반경(X)이 증가할수록 사고건수(Y)가 작아지는 음의 상관관계를 가지고 있음. 즉, '곡선반경이 커질수록 사고는 많이 줄어든다' 라는 상관관계가 있음을 알 수 있음.

Step 2

→ 상관분석

① 실행방법

① 산포도 분석 후 곡선반경과 사고건수의 상관관계 분석 실행

탑메뉴 → Correlation → Bivariate

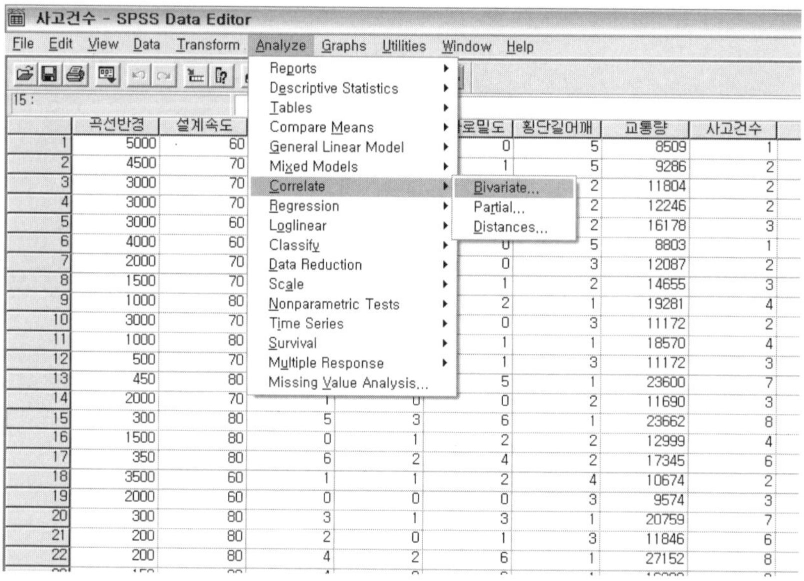

② 상관분석을 실시할 변수를 모두 선택하여 옮기고 분석 실행

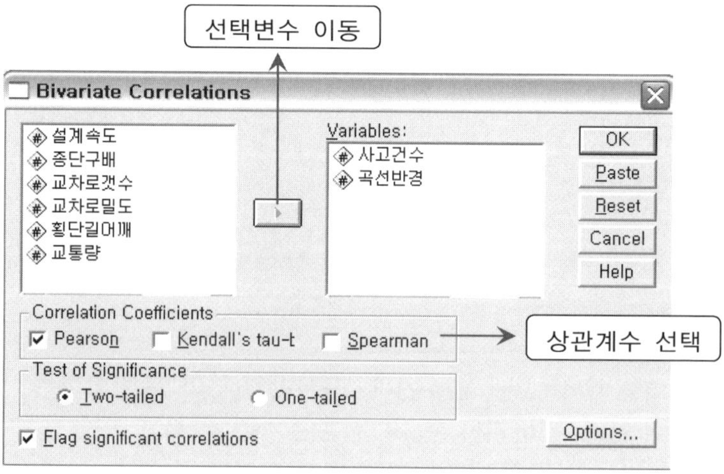

② 결과해석

Correlation

		사고건수	곡선반경
사고건수	Pearson Correlation	1	−.841**
	Sig.(2−tailed)		.000
	N	35	35
곡선반경	Pearson Correlation	−.841**	1
	Sig.(2−tailed)	.000	
	N	35	35

**Correlation is significant at the 0.01 level (2−tailed).

곡선반경(x)과 사고건수(y)사이의 상관계수는 −0.841로 높은 음의상관관계를 가짐. 유의도는 0.000으로 유의수준 95%에서 유의한 것으로 나타남. 분석에 사용된 표본수는 35개임.

Step 3

→ 회귀분석

① 실행방법

① 교통량과 사고건수의 관계를 유추할 수 있는 회귀식을 알아보기 위해 회귀분석을 실시

탑메뉴 → Regression → Linear

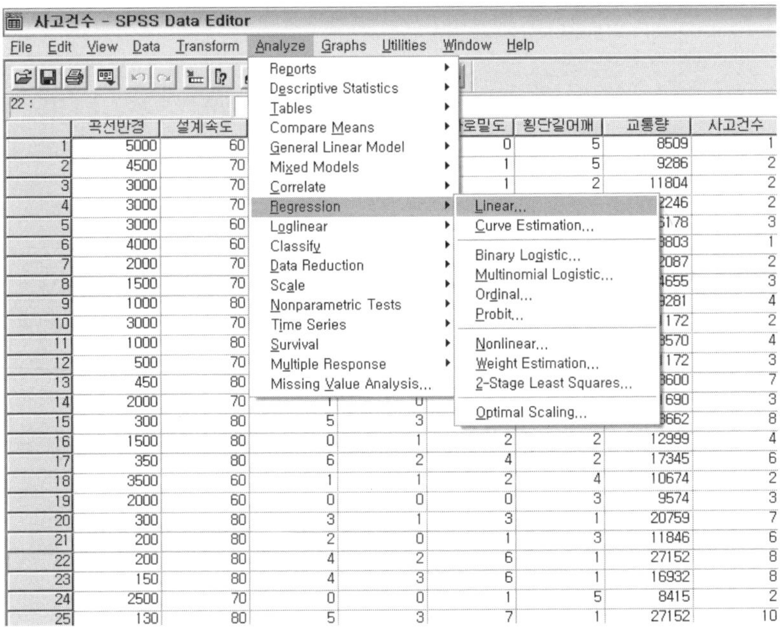

② 독립변수와 종속변수를 각각 선택하여 이동.

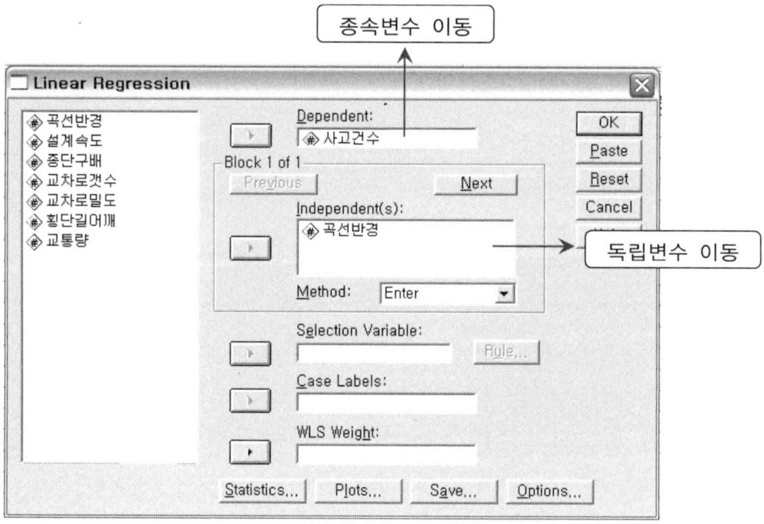

② 결과해석

Variables Entered/Removed[b]

Model	Variavles Entered	Variables Removed	Method
1	곡선반경[a]	.	Enter

a. All requested variables entered.
b. Dependent Variable: 사고건수

독립변수는 곡선반경, 종속변수는 사고건수이고, 분석방법은 Enter방법임

Model Summary

Model	R	R Square	Adjusted R Square	Std. Error of the Estimate
1	.841[a]	.707	.698	1.359

a. Predictors: (Constant), 교통량

독립변수와 종속변수의 상관관계 정도로 0.841이면 높은 상관관계가 존재. Std.는 1.359로 ±2.5 이내에 포함되므로 양호한 값을 나타냄.

ANOVA[b]

Model		Sum of Square	df	Mean Square	F	Sig.
1	Regression	146.918	1	146.918	79.523	.000[a]
	Residual	60.967	33	1.847		
	Total	207.886	34			

a. Predictors: (Constant), 곡선반경
b. Dependent Variable: 사고건수

식 자체의 유의성을 검정하는 F검정(ANOVA)에서 자유도가 1과 33인 값의 임계치를 F분포표에서 찾아보면 4.14, F값은 79.523이므로 F값이 임계치보다 더 커서 귀무가설이 기각되고 대립가설이 채택되므로 회귀식은 통계적으로 의미가 있음

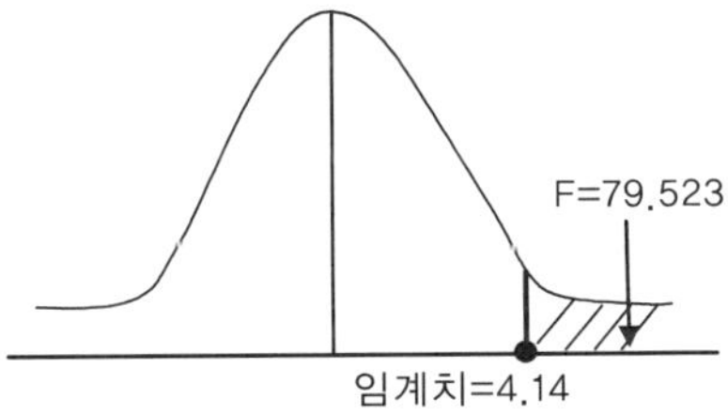

P값은 유의수준 0.05보다 작은 0.000의 값을 가지므로 회귀식은 유의함.

Coefficients[a]

Model		Unstandardized Coefficients B	Unstandardized Coefficients Std. Error	Standardized Coefficients Beta	t	Sig.
1	(Constant)	6.852	.363		18.863	.000
	곡선반경	-0.002	.000	-.841	-8.918	.000

a. Dependent Variable: 사고건수

- 회귀식을 도출하면,

$$y = 6.852 - 0.002x, \quad x=\text{곡선반경}$$
$$(18.863) \quad (-8.918)$$

- t값이 상수는 18.863, x는 -8.918로 2보다 크므로 계수값은 유의함.
- 유의도는 상수와 곡선반경 모두 0.000이므로 0.05보다 작아 통계적으로 유의함.

예제 3) 다중선형 회귀분석

예 제

다음은 버스이용자를 대상으로 버스이용에 대한 만족도를 조사한 설문조사 자료이다. 버스이용만족도를 유추할 수 있는 회귀식을 도출하라.

Step 1 → 상관분석

풀이

① 실행방법

① 회귀분석을 실시하기 전 변수들간의 상관분석 실행

탑메뉴 → Correlation → Bivariate

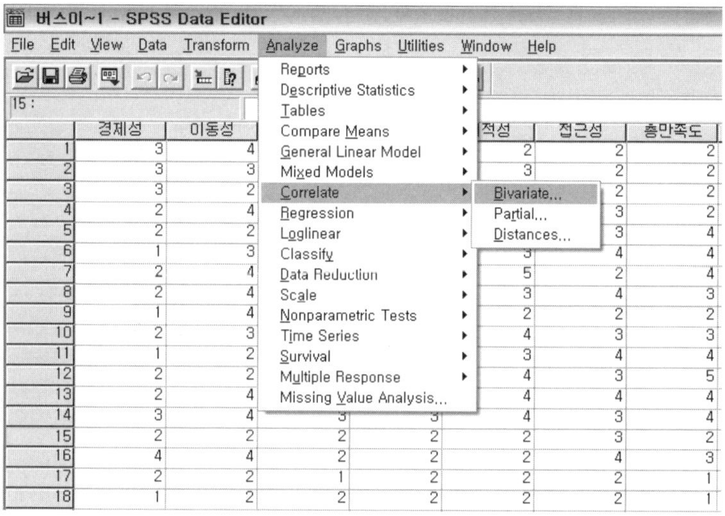

② 상관분석을 실시할 변수를 모두 선택하여 옮기고 분석 실행

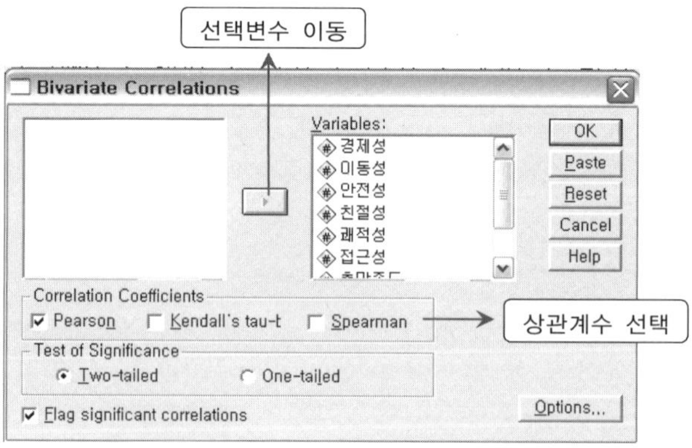

② 결과해석

Correlation

		경제성	이동성	안전성	친절성	쾌적성	접근성	총만족도
경제성	Pearson Correlation	1	.162	−.078	−.263	.089	.194	.091
	Sig.(2-tailed)		.262	.590	.065	.541	.177	.528
	N	50	50	50	50	50	50	50
이동성	Pearson Correlation	.162	1	.347*	.242	.323*	.417**	.335*
	Sig.(2-tailed)	.262		.014	.090	.022	.003	.017
	N	50	5	50	50	50	50	50
안전성	Pearson Correlation	−.078	.347*	1	.560**	.187	.131	.431**
	Sig.(2-tailed)	.590	.014		.000	.192	.363	.002
	N	50	50	5	50	50	50	50
친절성	Pearson Correlation	−.263	.242	.560**	1	.439**	.284*	.521**
	Sig.(2-tailed)	.065	.090	.000		.001	.045	.000
	N	50	50	50	5	50	50	50
쾌적성	Pearson Correlation	.089	.323*	.187	.439**	1	.381**	.542**
	Sig.(2-tailed)	.541	.022	.192	.001		.006	.000
	N	50	50	50	50	5	50	50
접근성	Pearson Correlation	.194	.417**	.131	.284*	.381**	1	.510**
	Sig.(2-tailed)	.177	.003	.363	.045	.006		.000
	N	50	50	50	50	50	5	50
총 만족도	Pearson Correlation	.091	.335*	.431**	.521**	.542**	.510**	1
	Sig.(2-tailed)	.528	.017	.002	.000	.000	.000	
	N	50	50	50	50	50	50	5

*.Correlation is significant at the 0.05 level (2-tailed).

**.Correlation is significant at the 0.01 level (2-tailed).

안전성과 친절성의 상관도가 가장 높게 나왔음. 총 만족도와의 상관관계에서는 쾌적성, 친절성, 접근성이 어느 정도의 상관성이 있다고 볼 수 있으며, 나머지 변수들은 상관성이 낮음.

Step 2

→ 회귀분석

① 실행방법

① 버스이용만족도와 각 변수들 간의 관계를 유추할 수 있는 회귀식을 알아보기 위해 회귀분석을 실시

탑메뉴 → Regression → Linear

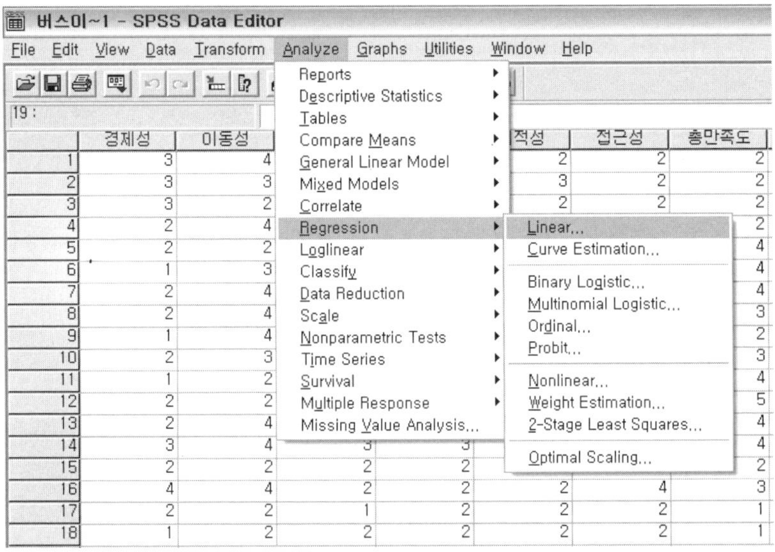

② 독립변수와 종속변수를 선택하여 이동. 분석방법은 단순회귀분석과 달리 여러 가지 방법 사용 가능. 여기서는 Enter와 Stepwise 두 가지 방법으로 분석 시행

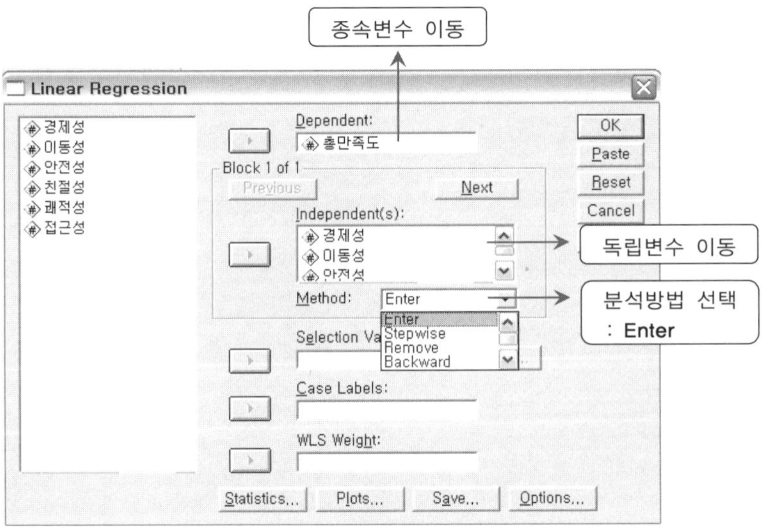

Enter	입력	선택한 모든 독립변수를 동시에 투입
Stepwise	단계선택	단계별로 독립변수의 유의도에 따라 최적화되도록 투입
Remove	제거	지정된 변수들을 동시 투입 후(Enter 실행) 탈락시켜나감
Backward	후진	등록된 변수의 제거기준에 따라 한 변수씩 뒤에서부터 제거
Forward	전진	등록된 변수의 제거기준에 따라 한 변수씩 앞에서부터 제거

③ 각 대화상자에서 추가선택 사항 입력 후 분석 실행

▶ 통계량 대화상자: Statistics 클릭!

– 회귀계수, 잔차, 기타 옵션의 선택

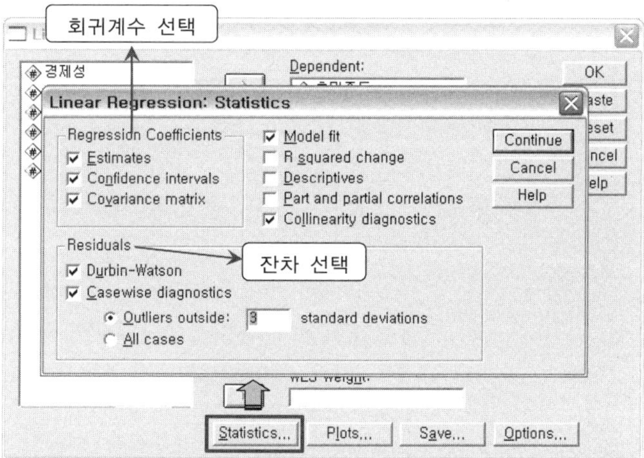

Estimates	회귀계수의 추정치
Confidence intervals	비표준 회귀계수에 대한 95% 신뢰구간
Covariance matrix	비표준 회귀계수에 대한 공분산행렬
Durbin-Watson	더빈 왓슨의 통계량
Casewise diagnostics	잔차의 정규분포성, 작을수록 회귀모형이 잘 추정됨
Model fit	R, R^2. 수정된 R^2, 표준추정오차. 자유도, 자승합, 분산의추정치, F값 등을 알려줌(기본설정)
R squared change	수정된 결정계수
Descriptives	평균, 표준편차, 상관행렬 등을 제시
Part&partial Correlations	부분상관관계 제시
Collinearity diagnostics	공선성 여부 진단

▶ Plot 대화상자: Plot 클릭!

– Plot, 그래프, 히스토그램 등을 그릴 수 있음

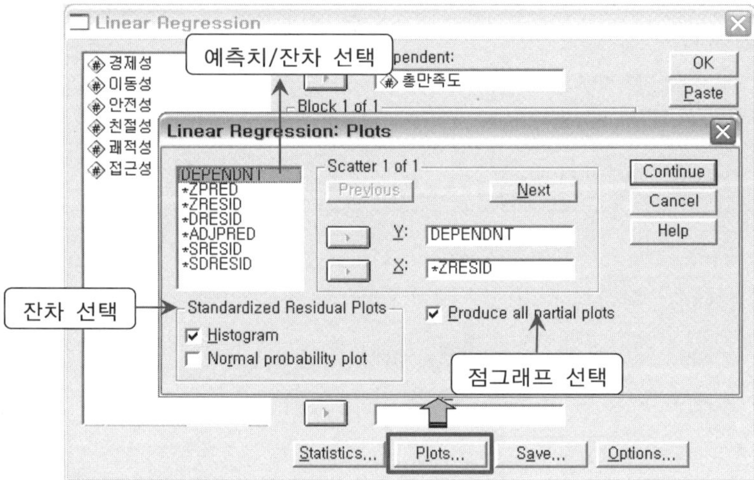

DEPENDNT	종속변수
*ZPRED	표준화되지 않은 예측치
*ZRESID	표준화된 예측치
*DRESID	삭제된 잔차
*ADJPRED	수정된 예측치
*SRESID	표준화된 잔차
*SDRESID	표준화된 삭제잔차
Histogram	표준화된 잔차의 히스토그램 정규분포와 같이 그려짐
Normal probability plot	표준화된 잔차의 정규확률 그래프
Produce all partial plots	종속변수와 독립변수의 잔차 점그래프

#1 Enter 방법

② 결과해석

Variables Entered/Removed[b]

Model	Variavles Entered	Variables Removed	Method
1	접근성, 안전성, 경제성, 쾌적성, 이동성, 친절성[a]	.	Enter

a. All requested variables entered.
b. Dependent Variable: 총만족도

독립변수는 접근성, 안전성, 경제성, 쾌적성, 이동성, 친절성이며, 분석방법은 Enter방법. 종속변수는 총만족도.

Model Summary

Model	R	R Square	Adjusted R Square	Std. Error of the Estimate	Durbin-Waston
1	.722[a]	.521	.455	.688	2.238

a. Predictors: (Constant), 접근성, 안전성, 경제성, 쾌적성, 이동성, 친절성
b. Dependent Variable: 총만족도

모델에 대한 결정계수와 더빈-왓슨 통계량 제시. 결정계수 (R Square)는 .521로 전체분산중에서 약 52%를 설명한다는 의미로 설명력이 좋다고 보기는 어려움. 더빈-왓슨 통계량은 자기상관에 대한 검정을 하기 위한 검정통계량으로 더빈-왓슨 값이 2에 가까우면 자기상관이 무시될 만함. 여기에서는 2.238로 자기상관이 없다고 볼 수 있음.

ANOVA[b]

Model		Sum of Square	df	Mean Square	F	Sig.
1	Regression	22.156	6	3.693	7.805	.000[a]
	Residual	20.344	43	.473		
	Total	42.500	49			

a. Predictors: (Constant), 접근성, 안전성, 경제성, 쾌적성, 이동성, 친절성
b. Dependent Variable: 총만족도

식 자체의 유의성을 검정하는 F검정(ANOVA)에서 자유도가 6과 43인 값의 임계치를 F분포표에서 찾아보면 2.33, F값은 7.805이므로 F값이 임계치보다 더 커서 귀무가설이 기각되고 대립가설이 채택되므로 회귀식은 통계적으로 의미가 있음.

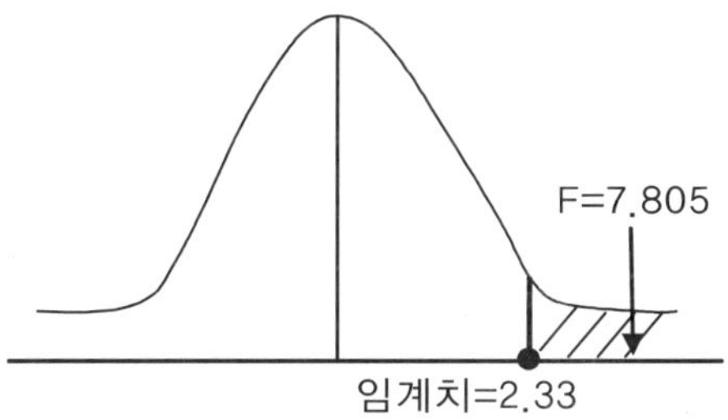

P값은 유의수준 0.05보다 작은 0.000의 값을 가지므로 회귀식은 유의함.

Coefficients[a]

Model		Unstandardized Coefficients		Standardized Coefficients	t	Sig.	95% Confidence Interval for B		Collinearity Statistics	
		B	Std. Error	Beta			Lower Bound	Upper Bound	Tollerance	VIF
1	(Constant)	-.496	.577		-.860	.395	-1.661	.668		
	경제성	.091	.130	.082	.700	.488	-.171	.353	.811	1.233
	이동성	-.035	.130	-.034	-.271	.788	-.296	.226	.706	1.416
	안전성	.241	.134	.242	1.796	.079	-.030	.512	.611	1.637
	친절성	.221	.170	.198	1.301	.200	-.122	.565	.481	2.077
	쾌적성	.336	.143	.297	2.339	.024	.046	.625	.691	1.448
	접근성	.326	.133	.307	2.452	.018	.058	.594	.711	1.407

a. Dependent Variable: 총만족도

부 록1

SPSS 설치방법 및 사용법

Ⅰ SPSS 설치방법

Ⅱ SPSS 메뉴 살펴보기

Ⅲ 데이터 입력방법 및 변수의 정의

Ⅰ. SPSS 설치방법

SPSS를 설치하는 방법은 매우 간단함. SPSSWIN 12.0 CD를 CD-ROM에 넣으면 자동으로 인스톨 프로그램이 실행되고 이때 Install SPSS를 클릭하면 시리얼 넘버(Serial Number)와 라이센스 코드(License Code)를 입력한 후 프로그램을 설치하면 됨.

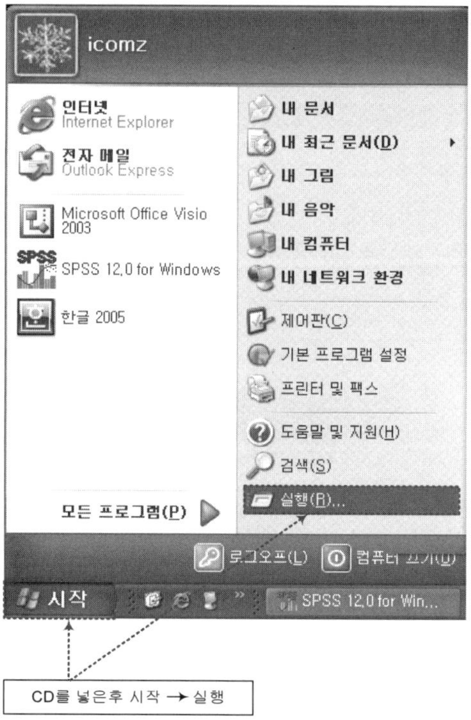

만약 CD를 넣어서 실행이 되지 않을 경우 위의 그림과 같이 윈도우의 시작버튼을 클릭한 후 실행버튼을 누름. 그리고 아래와 같이 열기(O)에 D:setup.exe를 입력한 후 확인을 누르면 설치화면이 나타나면서 설치가 됨. 단, D는 CD-ROM 드라이버를 말함.

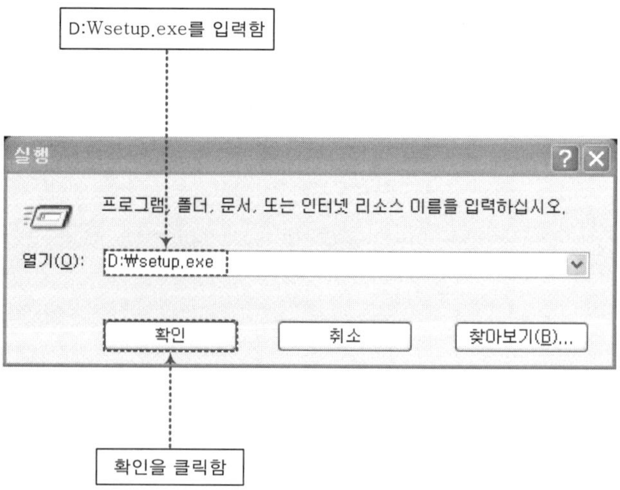

설치가 완료되면 아래와 같은 화면이 나타나고 Finish를 누르면 설치가 종료됨.

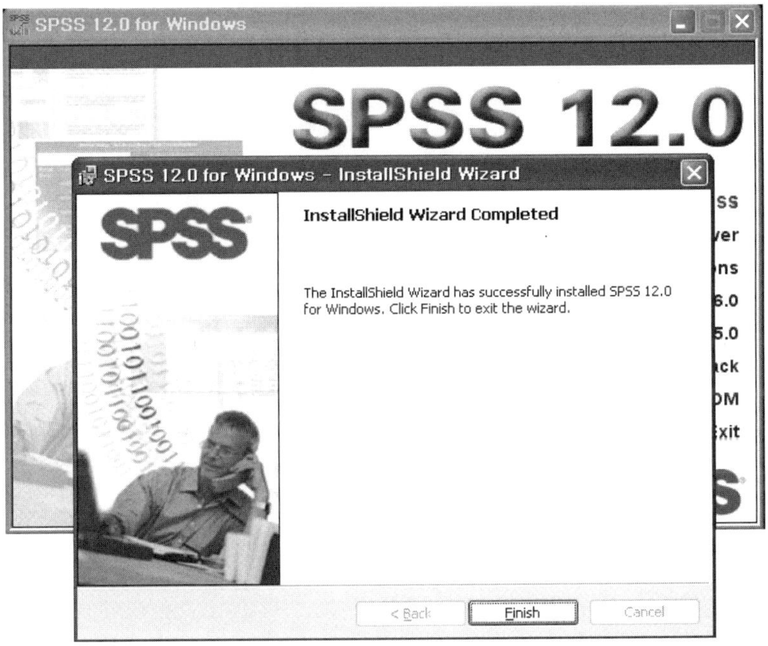

Ⅱ. SPSS 메뉴 살펴보기

SPSS-WIN Version은 메뉴방식이므로 사용하고자 원하는 분석기법을 메뉴에서 선택하여 사용할 수 있다. 메뉴바(Bar)는 다음과 같은 10가지 메뉴로 구성되어 있다.

10가지 메뉴들의 주요기능을 살펴보면 다음과 같다.

(1) File(파일 : F)메뉴	(2) Edit(편집 :E)메뉴
새로운 데이터파일을 만들 때, 기존의 파일을 열거나 다양한 유형으로 파일을 저장할 때, 파일인쇄 및 SPSS를 마칠 때 사용한다. 또한, 최근에 사용한 파일들의 목록이 있어 이전 문서로 빨리 돌아갈 수 있다. 최근 문서 목록의 수는 [편집]에서 옵션(N) 기능을 이용하여 변경할 수 있다.	데이터 또는 분석결과 내용을 오려두거나 복사하여 현재 파일의 다른 위치나 다른 파일에 붙여 넣기를 할 수 있으며, 일부 내용들을 삭제할 수도 있다. 또한, 변수 내에서 특정 값의 데이터를 찾고 SPSS의 선택옵션을 설정할 수 있다.
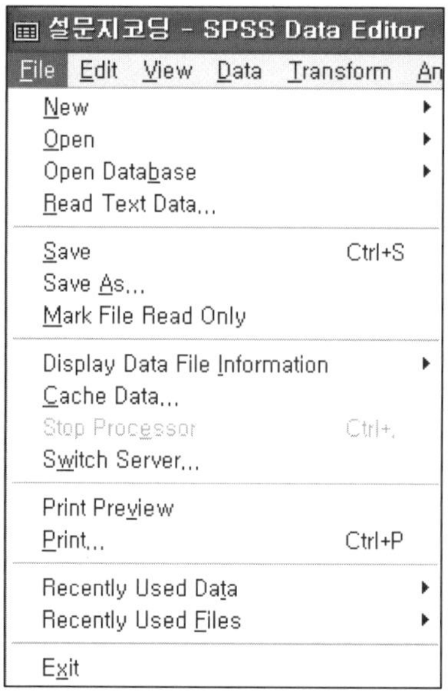	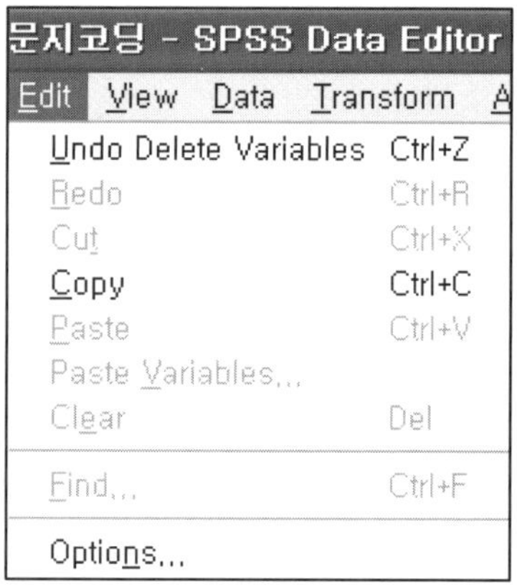

<table>
<tr><th>(3) View(보기 : V)메뉴</th><th>(4) Data(데이터 : D)메뉴</th></tr>
<tr><td>상태표시줄, 도구모음 등을 숨기거나 나타낼 수 있으며, 폰트를 바꾸거나 변수값에 대한 설명을 할 수 있다. 변수값 설명을 이용하려면 [변수값 설명(V)]을 클릭 하여 “V"가 표시가 생기도록 한다.</td><td>변수나 케이스들을 삽입하고 정렬하는 등 SPSS 데이터파일에 대한 전반적인 처리 작업을 할 수 있다.</td></tr>
<tr><td>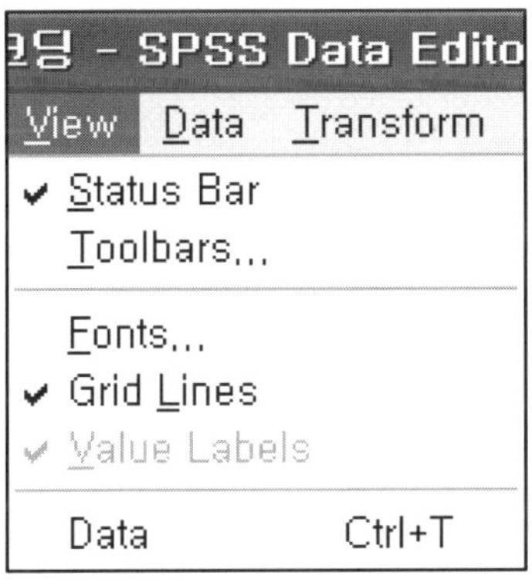
</td><td>
</td></tr>
</table>

<table>
<tr><th>(5) Transform(변환 : T)메뉴</th><th>(6) Analyze(분석 : A)메뉴</th></tr>
<tr><td>데이터파일 구성하는 기존 변수들을 이용하여 새로운 변수를 만들기 위한 계산을 수행하거나 원 데이터(raw data)파일에 코딩된 값들 중 일부를 적절하게 재 코딩하는 기능 등을 수행한다. 예를 들어, 설문지에 역방향 척도(reverse scale)가 있는 경우에 이를 원래 응답치와는 정반대로 재 코딩할 때 변환(T)메뉴 중 코딩변경(R) 기능을 사용한다.</td><td>실질적인 데이터분석을 수행하는 경우 사용하는 메뉴로서 연구목적(혹은 조사목적)에 따라 적절한 분석방법을 선택할 수 있다.</td></tr>
<tr><td>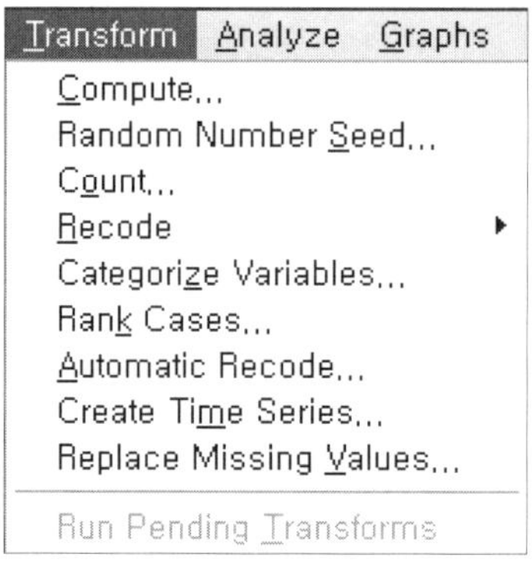
</td><td>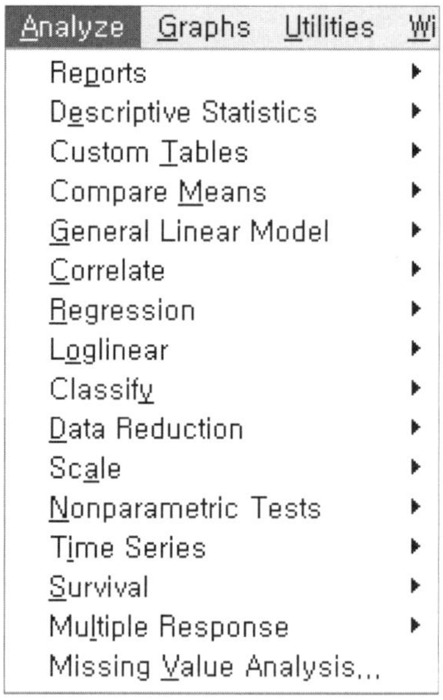
</td></tr>
</table>

(7) Graphs(그래프 : G)메뉴	(8) Utility(유틸리티 : U) 메뉴
데이터 및 분석결과와 관련하여 막대그래프, 선 그래프, 원 그래프, 히스토그램 등 다양한 도표를 선택할 수 있다.	변수와 파일에 관한 정보를 찾거나 변수군을 정의하는 데 사용된다.

(9) Windows(창 : W)메뉴

다른 창으로 이동하거나 SPSS데이터 편집기나 뷰어를 최소화시킬 수 있다.

(10) 도움말(H) 메뉴

다른 Window 프로그램들의 도움말 기능과 같다.

가. 데이터 입력방법

Ⅲ. 데이터 입력방법 및 변수의 정의

가. 데이터 입력방법

File 부분에서는 데이터 파일에 관한 사항에 대한 설명으로 한글 워드에서 코딩한 데이터를 SPSS로 불러들이는 방법과 Excel에서 작업한 데이터를 불러들이는 방법을 알아보고 SPSS를 실행하기 위한 데이터 저장 방법을 알아본다. 하지만, 일반적으로 Excel의 Worksheet를 이용하여 자료를 Coding하는 것이 일반적이다.

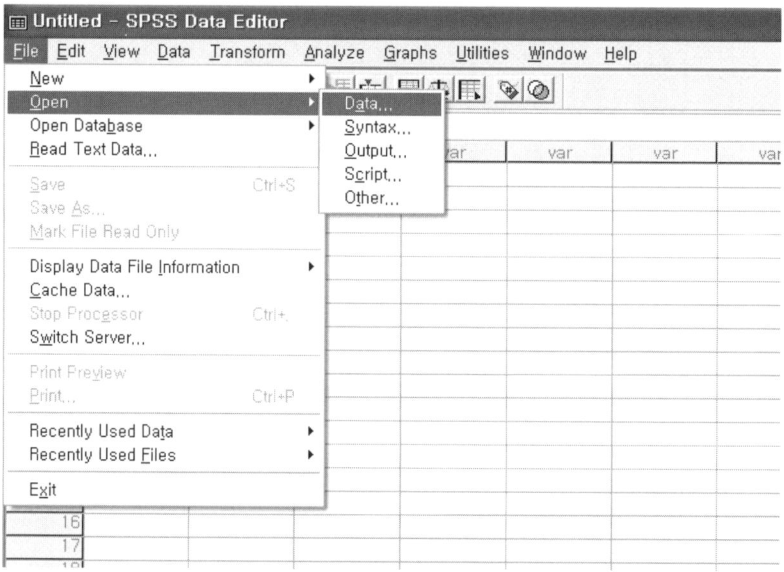

Open File 대화상자가 나타나면 SPSS에서 코딩한 자료나 SPSS Data Editor창에서 저장한 파일은 파일형식의 확장자를 SPSS(*.sav)를 선택하여 파일이름을 입력하여 파일을 열고, Excel에서 작업한 파일은 Excel(*.xls)를 선택하여 파일열기를 실행한다.

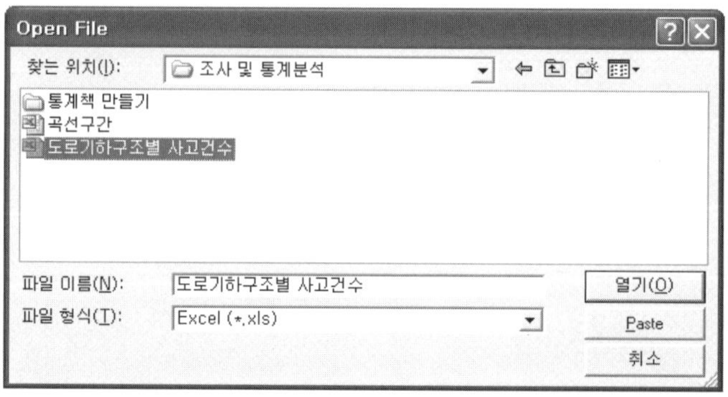

〈표 1〉 파일형식관련 옵션

파일형식[T]	확장자	파일형식의 설명
SPSS	*.sav	SPSS Data Editor창에서 작성한 파일임
SPSS Portable	*.por	Macintosh, Unix와 같이 Dos로 작성한 Portable SPSS로 작성한 파일임
Excel	*.xls	마이크로소프트(Microsoft) 엑셀의 스프레드시트로 작성한 파일임
Lotus	*.W*	Lotus 1-2-3의 스프레드시트로 작성한 파일임
SYLK	*.slk	Symbolic link로 작성된 스프레드시트 파일임
dBASE	*.dbf	Ashton-Tate dBASE Ⅱ, Ⅲ, Ⅳ로 작성된 파일임
Syntax	*.sps	Syntax는 Paste를 이용하여 프로그램을 직접 입력할 수 있는 곳임
Navigator document	*.spo	SPSS 프로그램의 결과물을 입력한 파일임
All Files	*.*	모든 파일형식을 나타내는 파일임

자료 : SPSS 통계분석 10, 김은정 외 2인, 21세기사. 계량분석기법 수업 자료 인용함.

SPSS에 입력되는 자료의 형식은 크게 두 가지로 구분해 볼 수 있다.

- 고정형식 : 자료 입력시 자료와 자료의 사이를 스페이스바(Space Bar)를 띄우지 않고 계속해서 입력하는 경우임.
- 자유형식 : 스페이스바(Space Bar)를 이용하여 자료와 자료사이를 띄워 입력하는 경우임.

다음은 고정형식과 자유형식의 자료의 형태에 관한 예이다.

고정형식	자유형식
00123456789123456	0 0 1 2 3 4 5 6 7 8 9 1 2 3 4 5 6
12345678912345678	1 2 3 4 5 6 7 8 9 1 2 3 4 5 6 7 8
23456789123456789	2 3 4 5 6 7 8 9 1 2 3 4 5 6 7 8 9

(1) 한글에서 Coding한 자료 불러오기(고정형식)

Step 1 : 조사자료를 한글에 Coding하여 다음과 같이 정리한다. (고정형식의 경우)

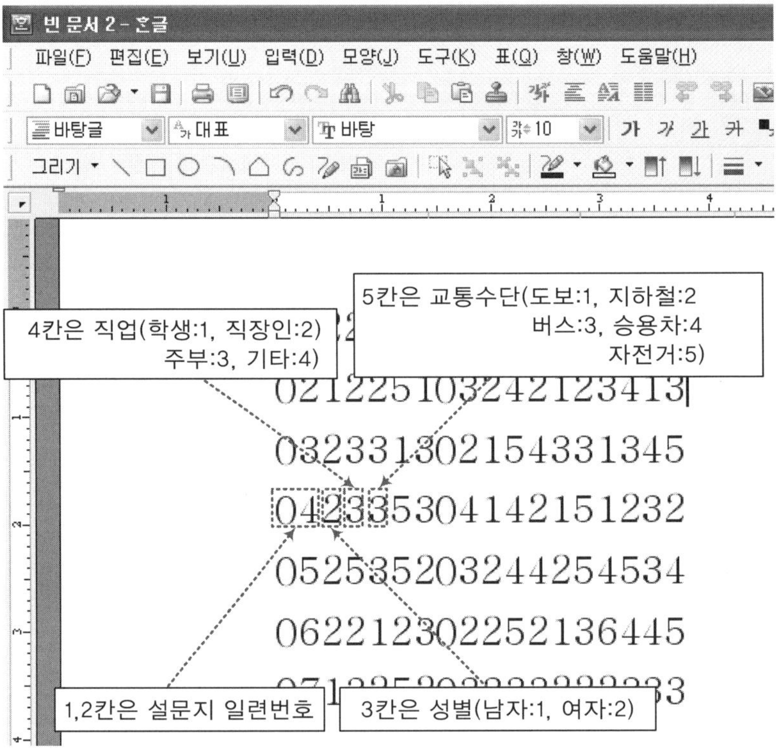

Step 2 : Coding된 자료를 아스키파일형식의 하나인 완성형 Text (*.txt)파일형식으로 지정하고 파일이름을 입력한다. (C:/통계책 만들기/코딩결과.txt)

Step 3 : 텍스트파일로 저장된 파일을 불러들이기 위해서는 다음과 같이 실행한다.

File → Read Text Data

실행을 하면 다음의 열기대화상자가 나타난다.

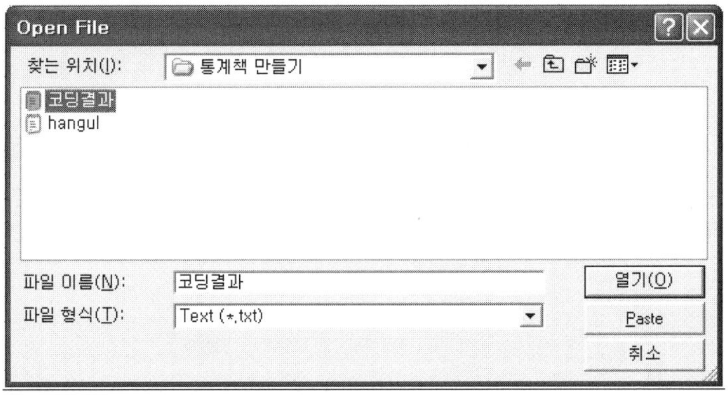

Step 4 : 텍스트 형식으로 저장된 파일을 불러들이기 위한 6단 마법사가 나타난다. 처음 1단계에서는 텍스트파일이 사전 정의된 형식에 일치하는 것인가에 대한 물음에는 일반적으로 정리된 자료를 처음 불러들이는 것이므로 큰 문제가 없다.

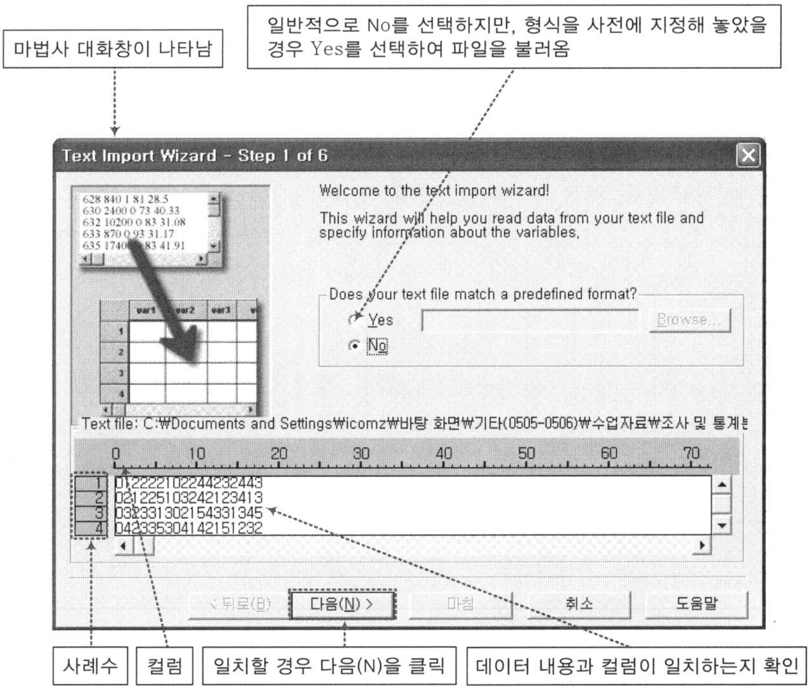

Step 5 : 2단계는 변수의 재정렬과 변수명 삽입에 관한 옵션이 있다. 데이터의 코딩형식이 특수기호를 사용한 자유형식의 경우에는 Delimited를 선택하고, 고정형식으로 입력되어 있다면 Fixed width를 선택하면 된다. 변수명을 파일의 맨 위에 포함하고자 하면 Yes, 포함되지 않으면 No를 선택하고 다음을 선택한다.

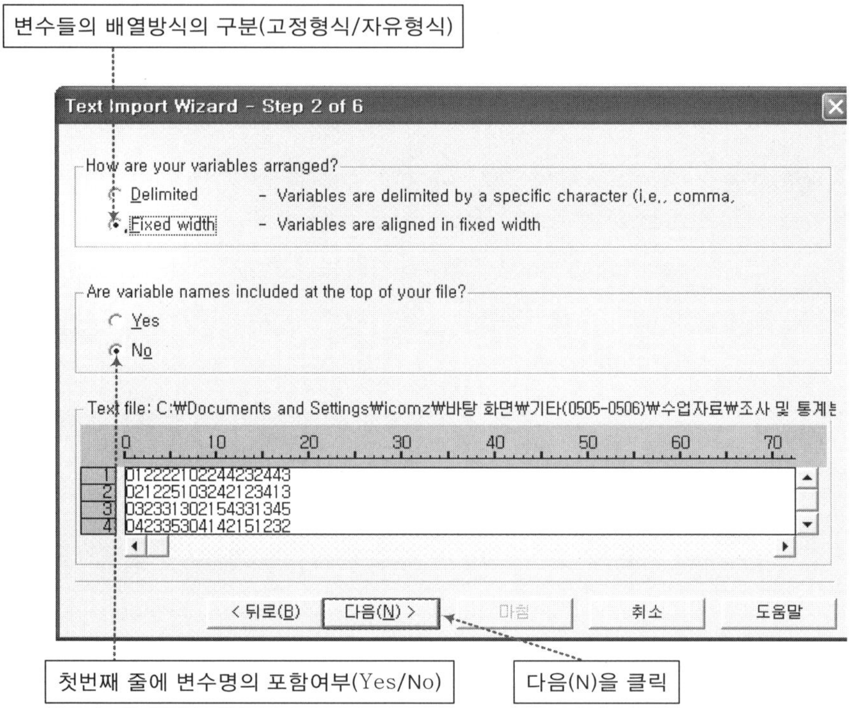

Step 6 : 자료에 대한 정보를 제공하는 단계이다. 데이터의 첫 번째 사례가 들어갈 라인을 지정하거나, 데이터가 몇 라인에 걸쳐 입력되었는가를 지정하며, 데이터를 불러오고자 하는 사례수를 전부, 또는 일부, 전체 사례수의 백분율(%) 등을 지정하여 원하는 자료를 불러들일 수 있다.

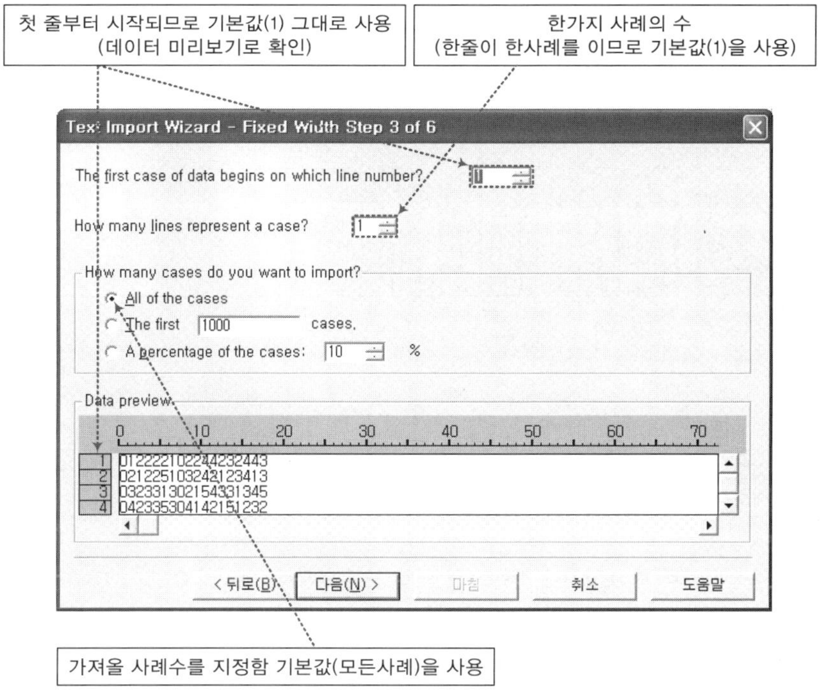

Step 7 : 각 변수를 구분하기 위한 단계이다. 변수의 칼럼수를 확인하여 라인을 한번 클릭하면 세로 화살표가가 나타나 한 변수의 칼럼을 지정할 수 있다. 만약 ID가 1~3으로 입력되어 있다면 3번째 칸 다음에 마우스를 한번 클릭하면 ID의 칼럼이 확정된다.

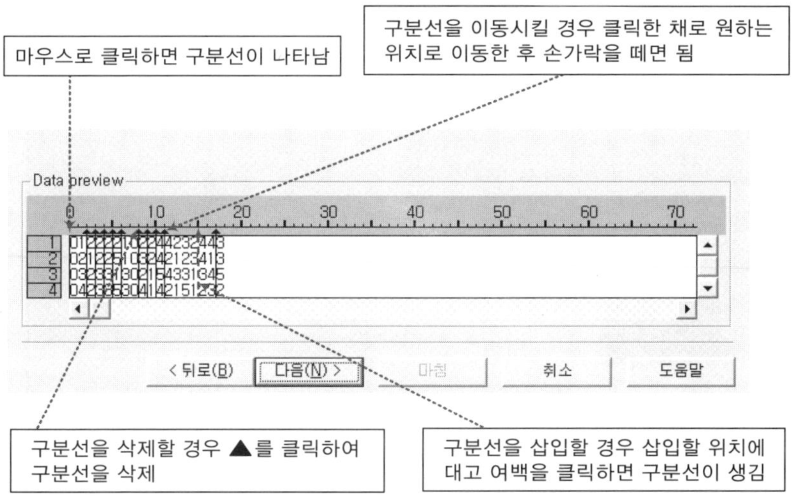

변수의 구분선을 지정해 줄 때 아래 다음과 같은 주의가 필요하다.

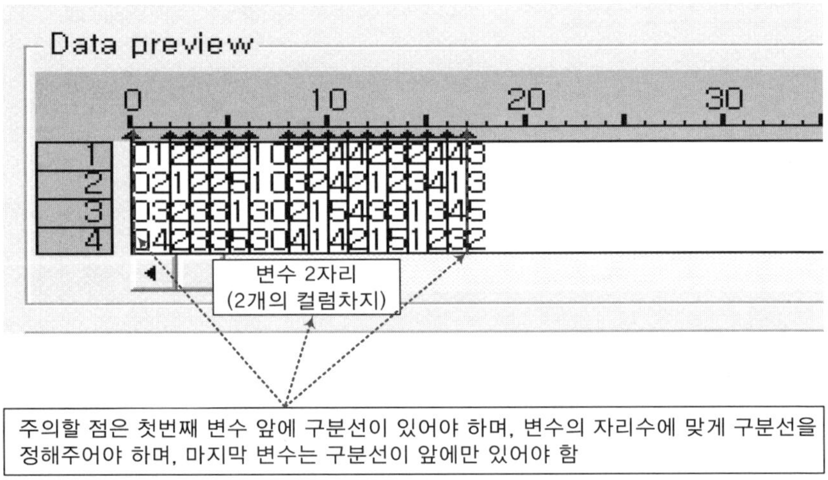

Step 8 : 변수명이나 변수형식을 지정하는 단계이다. 대화상자의 하단에 Data preview에서 임의로 지정된 변수명을 지정하면 Variable name(변수명)과 Data format(데이터 형식)이 활성화되어 변수명을 입력하고, 데이터 형식은 숫자, 문자, 시간, 달러 콤마, 마침표 등 데이터의 형식을 변경할 수 있다.

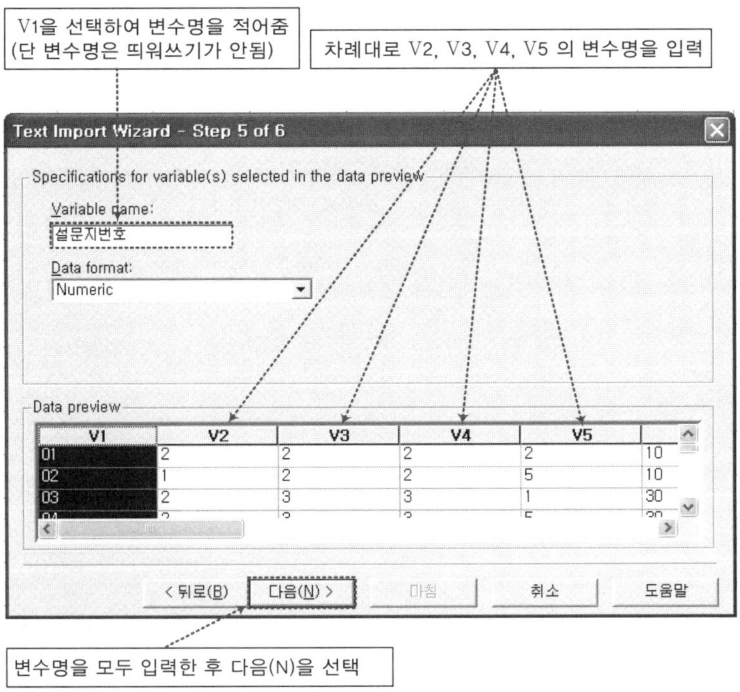

Step 9 : 파일형식 저장과 Syntax 창을 열지를 지정하는 단계이다.

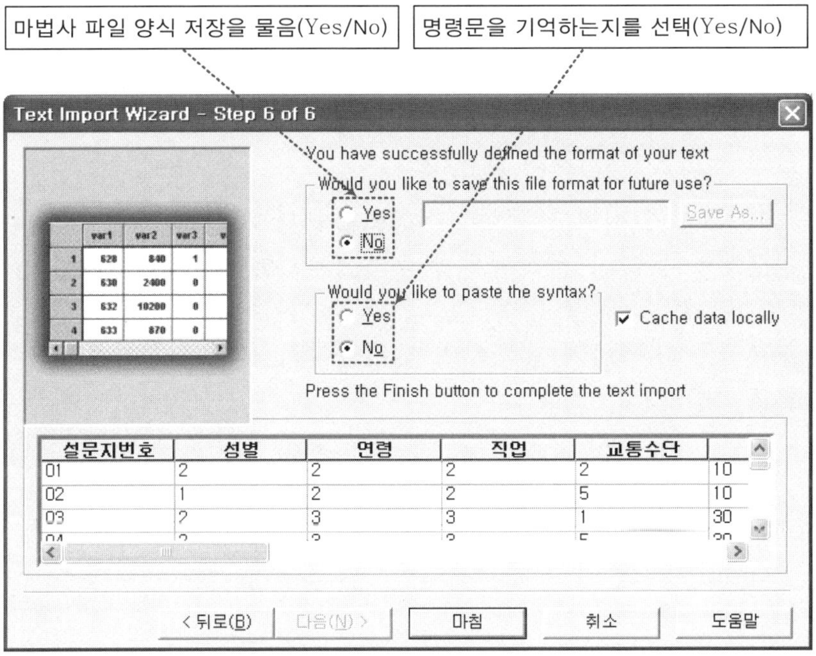

지금까지 단계를 모두 거치면 다음 그림과 같이 코딩결과가 SPSS에 입력됨을 알 수 있다.

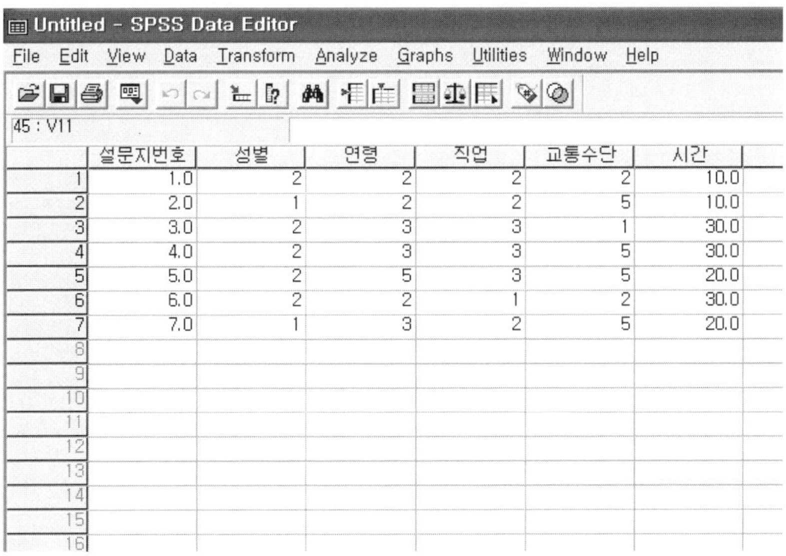

(2) Excel에서 Coding한 자료 불러오기

SPSS Version 10.0에서는 Excel의 버전에 관계없이 File 메뉴안의 Open을 통해 파일을 불러들일 수 있다.

일반적으로 Excel을 이용하여 자료를 Coding하는 이유는 자료의 정리가 용이하기 때문이다.

데이터를 입력하고 난 후 데이터를 정확히 입력하였는지 혹은 설문지의 응답이 정확하게 이루어졌는지를 확인하는 작업이 필요하다. 이를 위한 방법에는 여러 가지가 있다. 간단하게는 빈도분석을 이용하여 데이터의 범위를 확인함으로써 데이터의 오류를 찾아낼 수 있다.

그러나 이런 경우에는 복잡한 논리적인 사항에 대해서는 확인하기 다소 어렵다. 따라서,

데이터(D) → **필터(F)** → **자동필터**를 선택하면 아주 쉽게 가능하다.

이러한 여러 가지 이유로 인하여 Excel과 SPSS는 분리하여 생각할 수 없다.

Step 1 : Excel에 저장한 파일을 SPSS로 불러들이기 위해 File 메뉴를 선택하여 Open을 선택한다. 그리고 파일형식에서 *.xls을 선택하여 데이터 파일의 경로를 선택한다.

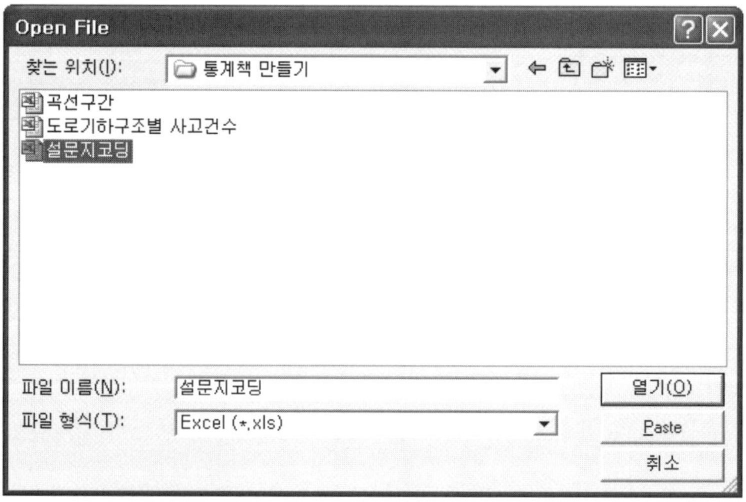

Excel Data Source를 열기 위한 대화상자가 나타나면 첫째 행의 자료의 변수명을 읽어들일 것인가를 묻는 것에는 변수명 있으면 체크하고, 없으면 체크하지 않으면 된다. 그리고 OK를 선택하면 된다.

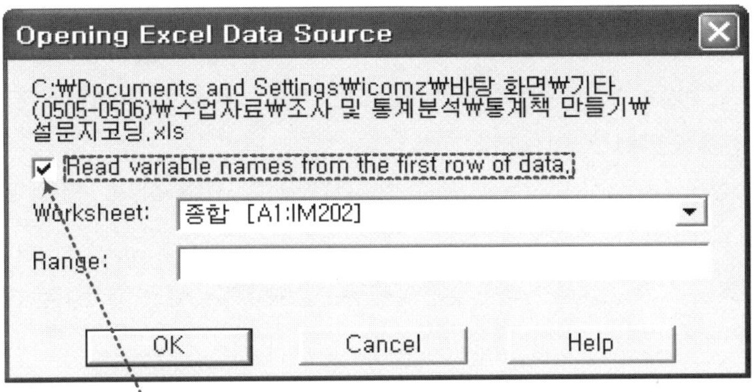

첫째행의 변수명을 정의했을 경우 체크하고, 변수명을 따로 정의하지 않았을 경우 체크하지 않으면 됨

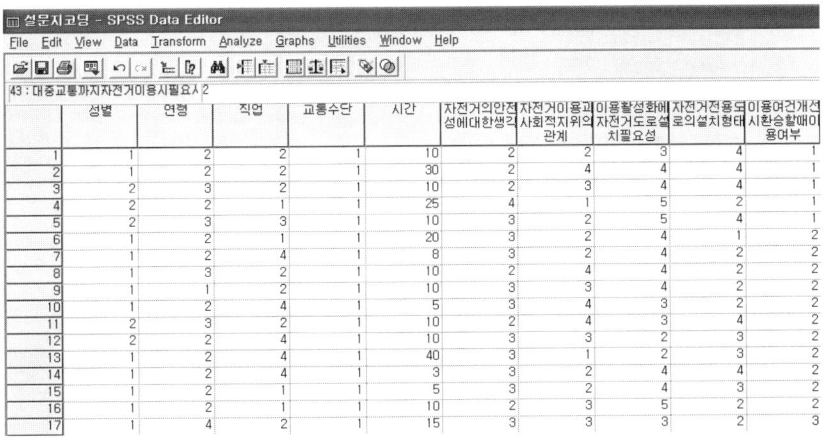

	성별	연령	직업	교통수단	시간	자전거의안전성에대한생각	자전거이용과사회적지위의관계	이용활성화에자전거도로설치필요성	자전거전용도로의설치형태	이용여건개선시환승할때이용여부
1	1	2	2	1	10	2	2	3	4	1
2	1	2	2	1	30	2	4	4	4	1
3	2	3	2	1	10	2	3	4	4	1
4	2	2	1	1	25	4	1	5	2	1
5	2	3	3	1	10	3	2	5	4	1
6	1	2	1	1	20	3	2	4	1	2
7	1	2	4	1	8	3	2	4	2	2
8	1	3	2	1	10	2	4	4	2	2
9	1	1	2	1	10	3	3	4	2	2
10	1	2	4	1	5	3	4	3	2	2
11	2	3	2	1	10	2	4	3	4	2
12	2	2	4	1	10	3	3	2	3	2
13	1	2	4	1	40	3	1	2	3	2
14	1	2	4	1	3	3	2	4	4	2
15	1	2	1	1	5	3	2	4	3	2
16	1	2	1	1	10	2	3	5	2	2
17	1	4	2	1	15	3	3	3	2	3

나. SPSS의 변수정의 및 설명

나. SPSS의 변수정의 및 설명

(1) 변수의 정의

변수의 정의는 Data Editor창에서 Data View와 Variable View의 2개의 탭으로 나누어져 있다. 따라서 변수를 정의하려면 Variable View(변수보기)탭으로 이동하여 변수에 대한 정의를 하면 된다.

다음은 Variable View(변수보기)탭으로 이동하여 변수부분에 대한 그림이다.

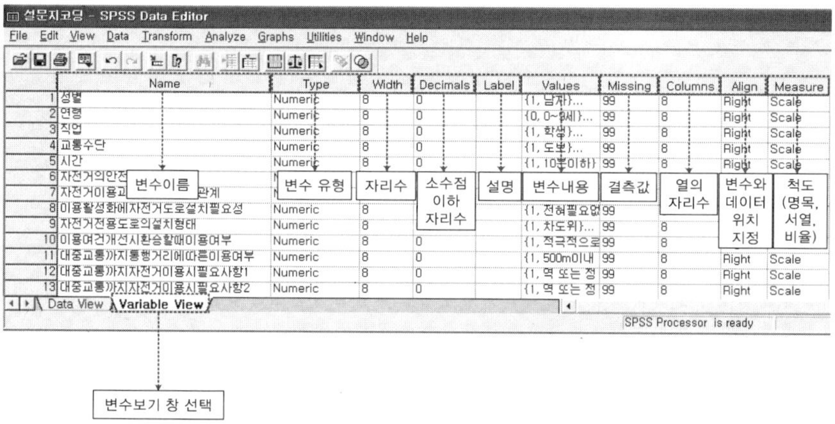

① 변수명(Name)

변수명은 데이터를 불러들이기 위해 텍스트 마법사 중에서 Step 8에 해당하는 부분에서 변수의 이름을 정의할 수 있고, 또한 Variable View창에서도 변수명을 입력할 수 있다.

변수명은 영어나 한글로 입력이 가능하다.

② 변수의 형식(Type)

일반적으로 변수의 형식은 수치(Numeric)형식으로 인식하나 다른 형식으로도 변경은 가능하다. Type란에 수정하고자 하는 경우 아래의 확대한 부분으로 이동하여 마우스를 한번 클릭하면 변수형식 대화상자가 나타난다.

- Width : 변수의 자리수를 지정함.
- Decimal Place : 소수점의 위치를 변경할 수 있음.

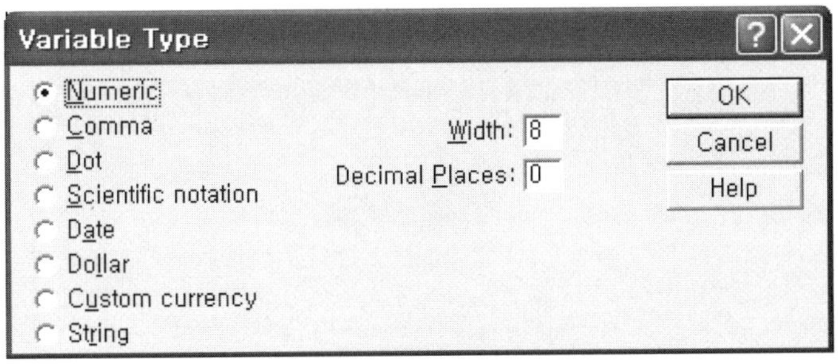

키워드	선택결과 내용
Width	데이터의 전체 길이를 지정하며. 소수점도 포함된다.
Decimal Places	소수점의 위치를 지정한다, 소수점은 기본적으로 2로 지정한다. 그러나 자료를 보기 쉽게 하기 위해 0으로 지정하는 것이 좋다.
Numeric	변수의 값이 숫자인 데이터
Comma	부호로 시작하는 천 단위마다 컴마를 붙인 숫자 데이터
Dot	부호로 시작되는 천 단위마다 점을 붙인 숫자 데이터
Scientific Notation	숫자나 E, D를 포함한 과학적인 숫자, 지수형식으로 표기(125E3)
Date	날짜 및 시간 중 어느 하나를 선택한다.
Dollar	미화달러표시 숫자, 천단위마다 컴마를 붙인다.
Custom Currency	미화달러 이외의 화폐단위를 표시한다.
String	문자, 숫자, 특수문자 표시한다. 디폴트는 9이다.

③ 변수의 폭(Width)

변수의 폭 지정 또한 기존의 변수형식 지정시 이용되어진 방법과 동일하다. 변수의 폭의 기본설정은 8칸으로 되어 있으며, 최소설정은 1이며, 최대설정은 40이다.

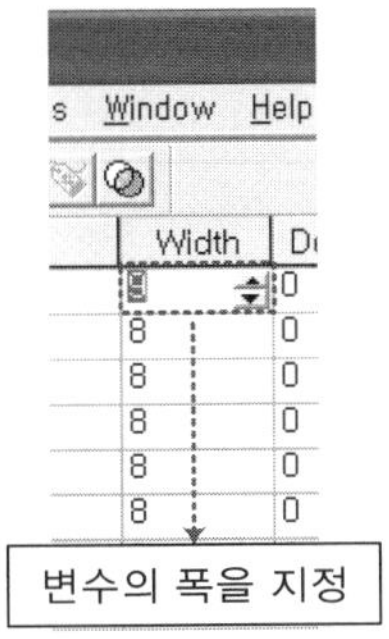

④ 소수점 지정(Decimals)

소수점의 지정은 Width를 지정하는 방법과 동일하다. 기본설정은 2로 지정되어 있으며, 일반적으로 자료정리시 소수점은 0으로 처리하는 것이 좋다.

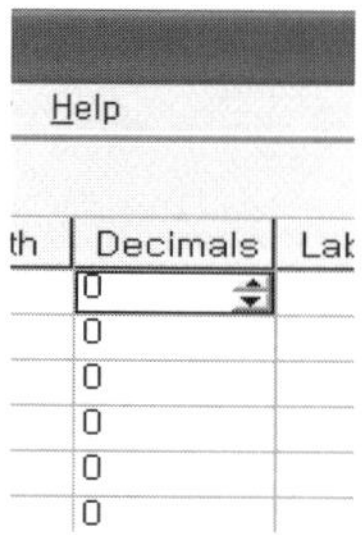

⑤ 변수의 라벨(Label)

변수 라벨은 변수를 설명해 주는 것으로 통계분석을 실시했을 때 어떤 변수를 이용하여 분석하였는지를 쉽게 알 수 있다. 여기에서는 변수이름(Name)을 설명해 주는 용어를 기술하면 좋다. 예를 들어 Prefer라고 Name에 입력되어 있다면, 이는 선호도라고 Label 부분에 입력하는 것이다.

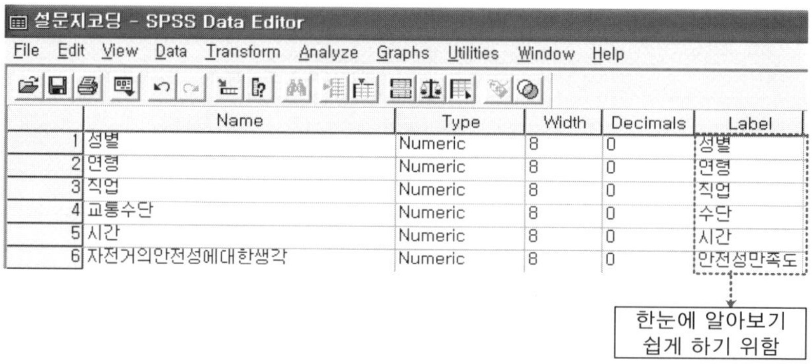

⑥ 변수값 라벨(Values)

변수값 라벨은 통계분석시 변수의 항목을 설명해 주기 위해 부여한다. 따라서, Prefer의 변수에 대한 Values를 지정하는 방법은 다음과 같다.

예를 들어 옷의 상표에 대한 선호도조사의 경우라고 생각하여 1= "폴로", 2= "빈폴", 3= "지오다오" 라고 하였다면, 변수값(Value)에는 1, Value Label에는 폴로를 입력하고 Add 버튼을 누르면 된다.

이와 같은 방식으로 8개 구단의 이름을 입력하면 된다. 또한 변수값의 지정이 잘못되었으면 Change 버튼을 이용하여 수정하면 되고, 변수값을 삭제하려면 Remove 버튼을 누르면 된다.

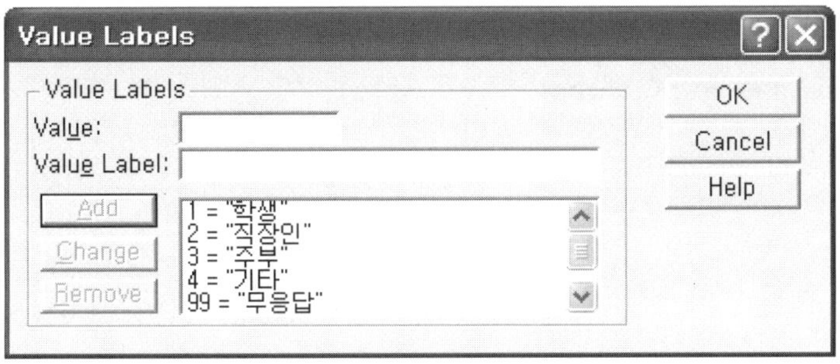

⑦ 결측치(Missing)

결측치는 해당변수에 대해 결측값을 지정하면 된다.

결측치는 다른 말로 표현하면 무응답치, 즉 질문에 응답을 하지 않은 경우로 Coding시에 특수한 값(일반적으로 0, 9, 99로 입력)을 부여하거나 여백으로 두는 경우를 말한다. 무응답치의 종류는 시스템 무응답치와 사용자 무응답치의 두 종류가 있다.

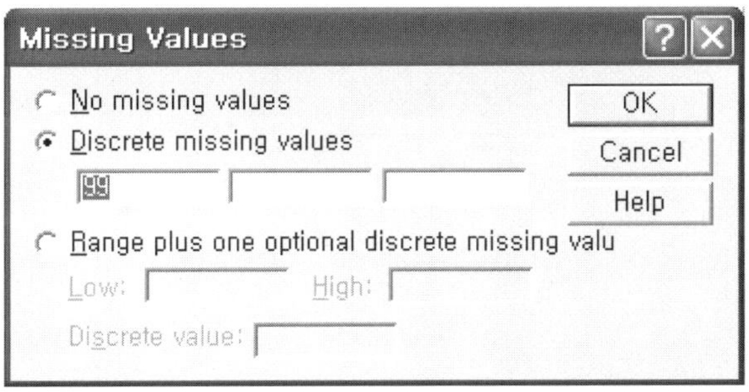

▣ 시스템 무응답치(System-missing values)

무응답치가 공백으로 둔 경우로 이는 보통 점으로 표시된다.

▣ 사용자 무응답치(User-missing values)

데이터가 어떻게 누락되었는가를 나타내기 위해 사용되는 무응답치는 잘모르겠다/응답거부 등을 결측값을 지정한다. 이때 각 응답치에 대하여 어느 특정한 값 (0, 9, 99)와 같은 값을 부여하여 지정한다.

키워드	선택결과 내용
No missing values	무응답치가 없는 경우를 말하고 모근 변수들이 타당한 것으로 처리된다.(기본설정)
Discrete missing values	변수에 대해 3개까지의 이산적(개별적)인 사용자 무응답치를 지정할 수 있다.
Range of missing values	하한값(Low)에서 상한값(High)까지 무응답치의 범위를 지정한다.
Range plus one discrete missing values	낮은 값(Low)에서부터 높은 값(High)까지의 모든 값뿐만 아니라 이산적인 값들도 무응답치로 처리된다.

⑧, ⑨ 변수의 열(Column)과 맞춤(Align)

열은 변수의 자리수를 의미하는 것이므로 기본값을 사용하고 맞춤은 데이터의 위치를 왼쪽, 가운데, 오른쪽 정렬을 하는 것을 지정하므로 기본값을 사용하면 된다.

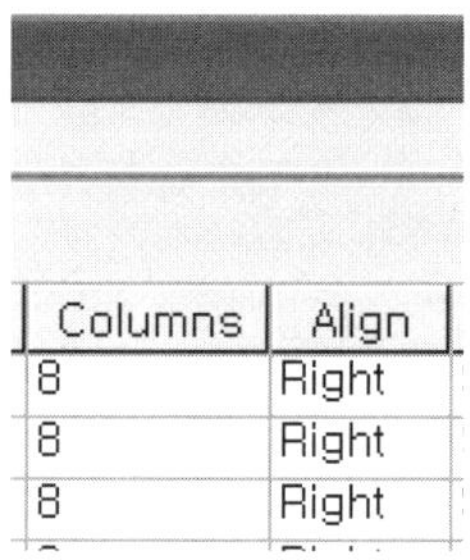

⑩ 변수의 척도(Measure)

변수의 척도를 정의하기 위해 Measure를 클릭하여 확장버튼을 이용하여 Scale(비율), Ordinal(순위척도), Nominal(명목척도)을 선택할 수 있다.

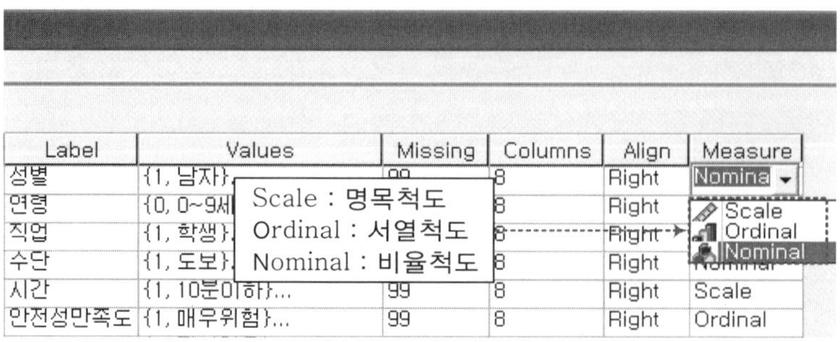

부 록 2

분포표 보는 법

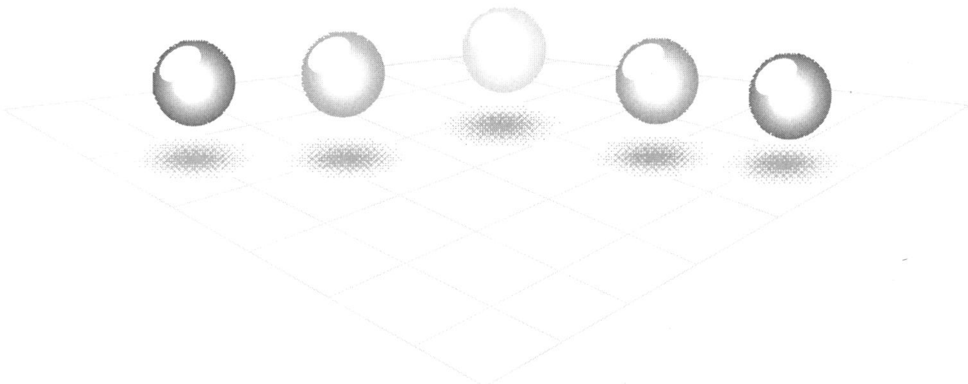

Ⅰ 표준정규분포표

Ⅱ t-분포표

Ⅲ χ^2-분포표

Ⅳ F-분포표

Ⅰ. 표준정규분포표

1. 분포표 보는 법

- 표준정규분포표에서 Z값을 알기 위해서는 유의수준(α)을 알아야 함
- 누적정규분포표일 경우 유의수준 값을 그대로 이용하고, 누적이 아닐 경우 1에서 유의수준을 뺀 값을 이용

ex

유의수준이(α)이 0.05일 경우 누적정규분포표에서는 **0.05**를 사용하고, 누적이 아닐 경우 **0.95**를 사용

- 일반적으로 자주 사용하는 Z값

양측검증의 경우		단측검증의 경우		
α = 0.05	α = 0.01	α = 0.05	α = 0.01	α = 0.10
1.960	2.576	1.645	2.326	1.282

2. 예제

- α = 0.05

① 0.05와 가장 가까운 값을 찾는다.

② 해당칸의 왼쪽과 위를 찾아 연결시킨다.

③ 단측검증일 때는 0.05 그대로 사용하고, 양측검증일 때는 0.05/2= 0.025와 가장 가까운 값을 찾는다.

④ 누적정규분포표에서 찾을 때에는 1에서 유의수준 값을 뺀 후 그 값을 이용하여 분포표에서 찾는다.

⑤ 더 정확한 값을 원할 경우 보간법을 이용하여 구한다.

⑥ 양측검증일 때는 Z값이 ± 모두 해당되고, 단측검증일 경우 둘 중 하나의 값을 의미한다.

– 단측검증일 때

Z	0.00	0.01	0.02	0.03	0.04	0.05
0.0	0.5000	0.4960	0.4920	0.4880	0.4840	0.4801
0.1	0.4602	0.4562	0.4522	0.4483	0.4443	0.4404
0.2	0.4207	0.4168	0.4129	0.4090	0.4052	0.4013
0.3	[illegible]	[illegible]	0.3745	0.3707	0.3669	0.3632
0.4	[illegible]	[illegible]	0.3372	0.3336	0.3300	0.3264
0.5	0.3085	0.3050	0.3015	0.2981	0.2946	0.2912
0.6	0.2743	0.2709	0.2676	0.2643	0.2611	0.2578
0.7	0.2420	0.2389	0.2358	0.2327	0.2296	0.2266
0.8	0.2119	0.2090	0.2061	0.2033	0.2005	0.1977
0.9	0.1841	0.1814	0.1788	0.1762	0.1736	0.1711
1.0	0.1587	0.1562	0.1539	0.1515	0.1492	0.1469
1.1	0.1357	0.1335	0.1314	0.1292	0.1271	0.1251
1.2	0.1151	0.1131	0.1112	0.1093	0.1075	0.1056
1.3	0.0968	0.0951	0.0934	0.0918	0.0901	0.0885
1.4	0.0808	0.0793	0.0778	0.0764	0.0749	0.0735
1.5	0.0668	0.0655	0.0643	0.0630	0.0618	0.0606
1.6	0.0548	0.0537	0.0526	0.0516	0.0505	0.0495
1.7	0.0446	0.0436	0.0427	0.0418	0.0409	0.0401

1.64

– 양측검증일 때

Z	0.00	0.01	· · ·	0.05	0.06	0.07
0.0	0.5000	0.4960	· · ·	0.4801	0.4761	0.4721
0.1	0.4602	0.4562	· · ·	0.4404	0.4364	0.4325
0.2	0.4207	0.4168	· · ·	0.4013	0.3974	0.3936
0.3	[illegible]	[illegible]	· · ·	0.3632	0.3594	0.3557
0.4	0.3446	0.3409	· · ·	0.3264	0.3228	0.3192
0.5	0.3085	0.3050	· · ·	0.2912	0.2877	0.2843
0.6	0.2743	0.2709	· · ·	0.2578	0.2546	0.2514
⋮	⋮	⋮	· · ·	⋮		⋮
1.5	0.0668	0.0655	· · ·	0.0606	0.0594	0.0582
1.6	0.0548	0.0537	· · ·	0.0495	0.0485	0.0475
1.7	0.0446	0.0436	· · ·	0.0401	0.0392	0.0384
1.8	0.0359	0.0351	· · ·	0.0322	0.0314	0.0307
1.9	0.0287	0.0281	· · ·	0.0256	0.0250	0.0244
2.0	0.0228	0.0222	· · ·	0.0202	0.0197	0.0192

1.96

3. 표준정규 분포표

Z	.00	.01	.02	.03	.04	.05	.06	.07	.08	.09
0.0	.5000	.4960	.4920	.4880	.4840	.4801	.4761	.4721	.4681	.4641
0.1	.4602	.4562	.4522	.4483	.4443	.4404	.4364	.4325	.4286	.4247
0.2	.4207	.4168	.4129	.4090	.4052	.4013	.3974	.3936	.3897	.3859
0.3	.3821	.3783	.3745	.3707	.3669	.3632	.3594	.3557	.3520	.3483
0.4	.3446	.3409	.3372	.3336	.3300	.3264	.3228	.3192	.3156	.3121
0.5	.3085	.3050	.3015	.2981	.2946	.2912	.2877	.2843	.2810	.2776
0.6	.2743	.2709	.2676	.2643	.2611	.2578	.2546	.2514	.2483	.2451
0.7	.2420	.2389	.2358	.2327	.2296	.2266	.2236	.2206	.2177	.2148
0.8	.2119	.2090	.2061	.2033	.2005	.1977	.1949	.1922	.1894	.1867
0.9	.1841	.1814	.1788	.1762	.1736	.1711	.1685	.1660	.1635	.1611
1.0	.1587	.1562	.1539	.1515	.1492	.1469	.1446	.1423	.1401	.1379
1.1	.1357	.1335	.1314	.1292	.1271	.1251	.1230	.1210	.1190	.1170
1.2	.1151	.1331	.1112	.1093	.1075	.1056	.1038	.1020	.1003	.0985
1.3	.0968	.0951	.0934	.0918	.0901	.0885	.0869	.0853	.0838	.0823
1.4	.0808	.0793	.0778	.0764	.0749	.0735	.0721	.0708	.0694	.0681
1.5	.0668	.0655	.0643	.0630	.0618	.0606	.0594	.0582	.0571	.0559
1.6	0.548	.0537	.0526	.0516	.0505	.0495	.0485	.0475	.0465	.0455
1.7	.0446	.0436	.0427	.0418	.0409	.0401	.0392	.0384	.0375	.0367
1.8	.0359	.0351	.0344	.0336	.0329	.0322	.0314	.0307	.0301	.0294
1.9	.0287	.0281	.0274	.0268	.0262	.0256	.0250	.0244	.0239	.0233
2.0	.0228	.0222	.0217	.0212	.0207	.0202	.0197	.0192	.0188	.0183
2.1	.0179	.0174	.0170	.0166	.0162	.0158	.0154	.0150	.0146	.0143
2.2	.0139	.0136	.0132	.0129	.0125	.0122	.0119	.0116	.0113	.0110
2.3	.0107	.0104	.0102	.0099	.0096	.0094	.0091	.0089	.0087	.0084
2.4	.0082	.0080	.0078	.0075	.0073	.0071	.0069	.0068	.0066	.0064
2.5	.0062	.0060	.0059	.0057	.0055	.0054	.0052	.0051	.0049	.0048
2.6	$.0^{2}4661$	$.0^{2}4527$	$.0^{2}4396$	$.0^{2}4269$	$.0^{2}4145$	$.0^{2}4025$	$.0^{2}3907$	$.0^{2}3793$	$.0^{2}3681$	$.0^{2}3573$
2.7	$.0^{2}3467$	$.0^{2}3364$	$.0^{2}3264$	$.0^{2}3167$	$.0^{2}3072$	$.0^{2}2980$	$.0^{2}2890$	$.0^{2}2803$	$.0^{2}2718$	$.0^{2}2635$
2.8	$.0^{2}2555$	$.0^{2}2477$	$.0^{2}2401$	$.0^{2}2327$	$.0^{2}2250$	$.0^{2}2180$	$.0^{2}2118$	$.0^{2}2052$	$.0^{2}1988$	$.0^{2}1920$
2.9	$.0^{2}1866$	$.0^{2}1807$	$.0^{2}1750$	$.0^{2}1695$	$.0^{2}1041$	$.0^{2}1589$	$.0^{2}1538$	$.0^{2}1489$	$.0^{2}1441$	$.0^{2}1395$
3.0	$.0^{2}1350$	$.0^{2}1306$	$.0^{2}1264$	$.0^{2}1223$	$.0^{2}1183$	$.0^{2}1144$	$.0^{2}1107$	$.0^{2}1070$	$.0^{2}1035$	$.0^{2}1001$
3.1	$.0^{3}9676$	$.0^{3}9351$	$.0^{3}9043$	$.0^{3}8740$	$.0^{3}8447$	$.0^{3}8104$	$.0^{3}7888$	$.0^{3}7622$	$.0^{3}7364$	$.0^{3}7114$
3.2	$.0^{3}6871$	$.0^{3}6637$	$.0^{3}6410$	$.0^{3}6190$	$.0^{3}5976$	$.0^{3}5770$	$.0^{3}5571$	$.0^{3}5377$	$.0^{3}5190$	$.0^{3}5009$
3.3	$.0^{3}4834$	$.0^{3}4665$	$.0^{3}4501$	$.0^{3}4342$	$.0^{3}4189$	$.0^{3}4041$	$.0^{3}3897$	$.0^{3}3758$	$.0^{3}3624$	$.0^{3}3495$
3.4	$.0^{3}3369$	$.0^{3}3248$	$.0^{3}3131$	$.0^{3}3018$	$.0^{3}2909$	$.0^{3}2803$	$.0^{3}2701$	$.0^{3}2602$	$.0^{3}2507$	$.0^{3}2415$
3.5	$.0^{3}2326$	$.0^{3}2241$	$.0^{3}2158$	$.0^{3}2078$	$.0^{3}2001$	$.0^{3}1926$	$.0^{3}1854$	$.0^{3}1785$	$.0^{3}1718$	$.0^{3}1653$
3.6	$.0^{3}1591$	$.0^{3}1531$	$.0^{3}1473$	$.0^{3}1417$	$.0^{3}1363$	$.0^{3}1311$	$.0^{3}1261$	$.0^{3}1213$	$.0^{3}1166$	$.0^{3}1121$
3.7	$.0^{3}1078$	$.0^{3}1036$	$.0^{4}9961$	$.0^{4}9574$	$.0^{4}9201$	$.0^{4}8842$	$.0^{4}8496$	$.0^{4}8162$	$.0^{4}7841$	$.0^{4}7532$
3.8	$.0^{4}7235$	$.0^{4}6948$	$.0^{4}6673$	$.0^{4}6407$	$.0^{4}6152$	$.0^{4}5906$	$.0^{4}5669$	$.0^{4}5442$	$.0^{4}5223$	$.0^{4}5012$
3.9	$.0^{4}4810$	$.0^{4}4615$	$.0^{4}4427$	$.0^{4}4247$	$.0^{4}4074$	$.0^{4}3908$	$.0^{4}3747$	$.0^{4}3594$	$.0^{4}3446$	$.0^{4}3304$
4.0	$.0^{4}3167$	$.0^{4}3036$	$.0^{4}2910$	$.0^{4}2789$	$.0^{4}2673$	$.0^{4}2561$	$.0^{4}2454$	$.0^{4}2351$	$.0^{4}2252$	$.0^{4}2157$
4.1	$.0^{4}2066$	$.0^{4}1978$	$.0^{4}1894$	$.0^{4}1814$	$.0^{4}1737$	$.0^{4}1662$	$.0^{4}1591$	$.0^{4}1523$	$.0^{4}1458$	$.0^{4}1395$
4.2	$.0^{4}1335$	$.0^{4}1277$	$.0^{4}1222$	$.0^{4}1168$	$.0^{4}1118$	$.0^{4}1069$	$.0^{4}1022$	$.0^{5}9774$	$.0^{5}9345$	$.0^{5}8934$
4.3	$.0^{5}8540$	$.0^{5}8163$	$.0^{5}7801$	$.0^{5}7455$	$.0^{5}7124$	$.0^{5}6807$	$.0^{5}6503$	$.0^{5}6212$	$.0^{5}5934$	$.0^{5}5668$
4.4	$.0^{5}5419$	$.0^{5}5169$	$.0^{5}4935$	$.0^{5}4712$	$.0^{5}4498$	$.0^{5}4294$	$.0^{5}4098$	$.0^{5}3911$	$.0^{5}3732$	$.0^{5}3561$
4.5	$.0^{5}3398$	$.0^{5}3241$	$.0^{5}3092$	$.0^{5}2949$	$.0^{5}2813$	$.0^{5}2682$	$.0^{5}2558$	$.0^{5}2439$	$.0^{5}2325$	$.0^{5}2216$
4.6	$.0^{5}2112$	$.0^{5}2013$	$.0^{5}1919$	$.0^{5}1828$	$.0^{5}1742$	$.0^{5}1660$	$.0^{5}1581$	$.0^{5}1506$	$.0^{5}1434$	$.0^{5}1366$
4.7	$.0^{5}1301$	$.0^{5}1239$	$.0^{5}1179$	$.0^{5}1123$	$.0^{5}1069$	$.0^{5}1017$	$.0^{6}9680$	$.0^{6}9211$	$.0^{6}8765$	$.0^{6}8339$
4.8	$.0^{6}7933$	$.0^{6}7547$	$.0^{6}7178$	$.0^{6}6827$	$.0^{6}6492$	$.0^{6}6173$	$.0^{6}5869$	$.0^{6}5680$	$.0^{6}5304$	$.0^{6}5042$
4.9	$.0^{6}4792$	$.0^{6}4554$	$.0^{6}4327$	$.0^{6}4111$	$.0^{6}3906$	$.0^{6}3711$	$.0^{6}3525$	$.0^{6}3348$	$.0^{6}3179$	$.0^{6}3019$

II. t-분포표

1. 분포표 보는 법

- t-분포표에서 임계치를 알기 위해서는 유의수준(α)과 자유도를 알아야 함
- t-test에서의 자유도는 n-1로 구함

ex

표본의 수가 25개 일 경우 자유도는 25-1=24

2. 예제

- α = 0.05, n=15

① 유의수준과 자유도를 결정한 후 분포표에서 찾는다.

② 세로축은 자유도를 가로축은 유의수준을 의미한다.

자유도 \ α	0.15	0.10	0.05	0.025
1	1.963	3.078	6.314	12.71
2	1.386	1.886	2.920	4.303
3	1.250	1.638	2.353	3.182
4	1.109	1.533	2.132	2.776
5	1.156	1.476	2.015	2.571
6	1.134	1.440	1.943	2.447
7	1.119	1.415	1.895	2.365
8	1.108	1.397	1.860	2.306
9	1.100	1.383	1.833	2.262
10	1.093	1.372	1.812	2.228
11	1.088	1.363	1.796	2.201
12	1.083	1.356	1.782	2.179
13	1.079	1.350	1.771	2.160
14	1.076	1.345	1.761	2.145
15	1.074	1.341	1.753	2.131
16	1.071	1.337	1.746	2.120

3. t-분포표

df \ α	0.25	0.20	0.15	0.10	0.05	0.025	0.01
1	1.000	1.376	1.963	3.078	6.314	12.71	31.82
2	0.816	1.061	1.386	1.886	2.920	4.303	6.965
3	0.765	0.978	1.250	1.638	2.353	3.182	4.541
4	0.741	0.941	1.109	1.533	2.132	2.776	3.747
5	0.727	0.920	1.156	1.476	2.015	2.571	3.365
6	0.718	0.906	1.134	1.440	1.943	2.447	3.143
7	0.711	0.896	1.119	1.415	1.895	2.365	2.998
8	0.706	0.889	1.108	1.397	1.860	2.306	2.896
9	0.703	0.883	1.100	1.383	1.833	2.262	2.821
10	0.700	0.879	1.093	1.372	1.812	2.228	2.764
11	0.697	0.876	1.088	1.363	1.796	2.201	2.718
12	0.695	0.873	1.083	1.356	1.782	2.179	2.681
13	0.694	0.870	1.079	1.350	1.771	2.160	2.650
14	0.692	0.868	1.076	1.345	1.761	2.145	2.624
15	0.691	0.866	1.074	1.341	1.753	2.131	2.602
16	0.690	0.865	1.071	1.337	1.746	2.120	2.583
17	0.689	0.863	1.069	1.333	1.740	2.110	2.567
18	0.688	0.862	1.067	1.330	1.734	2.101	2.552
19	0.688	0.861	1.066	1.328	1.729	2.093	2.539
20	0.687	0.860	1.064	1.325	1.725	2.086	2.528
21	0.686	0.859	1.063	1.323	1.721	2.080	2.518
22	0.686	0.858	1.061	1.321	1.717	2.074	2.508
23	0.685	0.858	1.060	1.319	1.714	2.069	2.500
24	0.685	0.857	1.059	1.318	1.711	2.064	2.492
25	0.684	0.856	1.058	1.316	1.708	2.060	2.485
26	0.684	0.856	1.058	1.315	1.706	2.056	2.479
27	0.684	0.855	1.057	1.314	1.703	2.052	2.473
28	0.683	0.855	1.056	1.313	1.701	2.048	2.467
29	0.683	0.854	1.055	1.311	1.699	2.045	2.462
30	0.683	0.854	1.055	1.310	1.697	2.042	2.457
40	0.681	0.851	1.050	1.303	1.684	2.021	2.423
60	0.679	0.848	1.046	1.296	1.671	2.000	2.390
120	0.677	0.845	1.041	1.289	1.658	1.980	2.358
∞	0.674	0.842	1.036	1.282	1.645	1.960	2.326

III. χ^2-분포표

1. 분포표 보는 법

- χ^2-분포표에서 임계치를 알기 위해서는 유의수준(α)과 자유도를 알아야 함
- χ^2-test에서의 자유도는 빈도분석표의 행과 열의 수를 이용

$df = (r-1)(c-1)$	r: 행(row)의 수 c: 열(column)의 수

ex

결석수 / 학년	0~2회	2~4회	4회 이상	합 계
1학년	10	20	15	45
2학년	5	10	7	22
3학년	3	5	4	12
4학년	2	6	5	13
합 계	20	41	31	92

어느 학교의 학년별 지각생 빈도가 위와 같을 때 자유도를 구하면? df = (4−1)(3−1)=6

2. 예제

- α = 0.05, 행=5, 열=4

① 유의수준과 자유도를 결정한 후 분포표에서 찾는다.

☞ df = (5−1)(4−1)=12

② 세로축은 자유도를 가로축은 유의수준을 의미한다.

df	α					
	.005	.01	.025	0.05	.10	.50
1	0.039	0.016	0.098	0.03	0.0158	0.455
2	0.0100	0.0201	0.0506	0.103	0.211	1.386
3	0.0717	0.115	0.216	0.352	0.584	2.37
4	0.207	0.297	0.484	0.711	1.064	3.36
5	0.412	0.554	0.831	1.145	1.610	4.35
6	0.676	0.872	1.237	1.635	2.20	5.35
7	0.989	1.239	1.690	2.17	2.83	6.35
8	1.344	1.646	2.18	2.73	3.49	7.34
9	1.735	2.09	2.70	3.33	4.17	8.34
10	2.16	2.56	3.25	3.94	4.87	9.34
11	2.60	3.05	3.82	4.57	5.58	10.34
12	3.07	3.57	4.40	5.23	6.30	11.34
13	3.57	4.11	5.01	5.89	7.04	12.34
14	4.07	4.66	5.63	6.57	7.79	13.34
15	4.60	5.23	6.26	7.26	8.55	14.34

3. χ^2-분포표

df	α					
	.005	.01	.025	.05	.10	.50
1	$0.0^{4}39$	$0.0^{3}16$	$0.0^{3}98$	$0.0^{2}3$	0.0158	0.455
2	0.0100	0.0201	0.0506	0.103	0.211	1.386
3	0.0717	0.115	0.216	0.352	0.584	2.37
4	0.207	0.297	0.484	0.711	1.064	3.36
5	0.412	0.554	0.831	1.145	1.610	4.35
6	0.676	0.872	1.237	1.635	2.20	5.35
7	0.989	1.239	1.690	2.17	2.83	6.35
8	1.344	1.646	2.18	2.73	3.49	7.34
9	1.735	2.09	2.70	3.33	4.17	8.34
10	2.16	2.56	3.25	3.94	4.87	9.34
11	2.60	3.05	3.82	4.57	5.58	10.34
12	3.07	3.57	4.40	5.23	6.30	11.34
13	3.57	4.11	5.01	5.89	7.04	12.34
14	4.07	4.66	5.63	6.57	7.79	13.34
15	4.60	5.23	6.26	7.26	8.55	14.34
16	5.14	5.81	6.91	7.96	9.31	15.34
17	5.70	6.41	7.56	8.67	10.09	16.34
18	6.26	7.01	8.23	9.39	10.86	17.34
19	6.84	7.63	8.91	10.12	11.65	18.34
20	7.43	8.26	9.59	10.85	12.44	19.34
21	8.03	8.90	10.28	11.59	13.24	20.3
22	8.64	9.54	10.98	12.34	14.04	21.3
23	9.26	10.20	11.69	13.09	14.85	22.3
24	9.89	10.86	12.40	13.85	15.66	23.3
25	10.52	11.52	13.12	14.61	16.47	24.3
26	11.16	12.20	13.84	15.38	17.29	25.3
27	11.81	12.88	14.57	16.15	18.11	26.3
28	12.46	13.56	15.31	16.93	18.94	27.3
29	13.12	14.26	16.05	17.71	19.77	28.3
30	13.79	14.95	16.79	18.49	20.6	29.3
40	20.7	22.2	24.4	26.5	29.1	39.3
50	28.0	29.7	32.4	34.8	37.7	49.3
60	35.5	37.5	40.5	43.2	46.5	59.3
70	43.3	45.4	48.8	51.7	55.3	69.3
80	51.2	53.5	57.2	60.4	64.3	79.3
90	59.2	61.8	65.6	69.1	73.3	89.3
100	67.3	70.1	74.2	77.9	82.4	99.3

IV. F-분포표

1. 분포표 보는 법

- F-분포표에서 임계치를 알기 위해서는 유의수준(α)과 자유도를 알아야 함
- F-test에서의 자유도는 두 개가 필요함(자유도에 대한 내용은 앞 장의 분산분석 참고)

ex

대도시 10개, 중도시 20개, 소도시 10개 도시의 주택보급률을 조사하였다. 이를 이용해 분산분석을 실시할 때 자유도를 구하면?

$df_1 = 3 - 1 = 2$, $df_2 = 60 - 3 = 57$

2. 예제

- α = 0.05, df_1=2, df_2=47

① 유의수준과 자유도를 결정한 후 분포표에서 찾는다.

② 가로축은 df_1을 세로축은 df_2를 의미한다.

③ F분포표는 다른 표와는 달리 유의수준별로 표가 제시되어 있으므로 유의수준에 맞는 표를 선택

④ df_2=47은 제시되어 있지 않으므로 보간법을 이용하여 구함

☞ df_2=47일 때 F값은 2.83

df_2 \ df_1	1	2	3	4	5
1	161	200	216	225	230
2	18.5	19.0	19.2	19.2	19.3
3	10.10	9.55	9.28	9.12	9.01
4	7.71	6.94	6.59	6.39	6.26
5	6.61	5.79	5.41	5.19	5.05
6	6.99	5.14	4.87	4.53	4.39
24	4.26	3.40	3.01	2.78	2.62
30	4.17	3.32	2.92	2.69	2.53
47			2.83		
60	4.00	3.15	2.76	2.53	2.37
120	3.92	3.07	2.68	2.45	2.29

3. F-분포표

α = 0.1																				
	1	2	3	4	5	6	7	8	9	10	11	12	13	14	15	20	24	30	60	120	∞
1	39.9	8.53	5.54	4.54	4.06	3.78	3.59	3.46	3.36	3.29	3.23	3.18	3.14	3.1	3.07	2.97	2.93	2.88	2.79	2.75	2.71
2	49.5	9	5.46	4.32	3.78	3.46	3.26	3.11	3.01	2.92	2.86	2.81	2.76	2.73	2.7	2.59	2.54	2.49	2.39	2.36	2.3
3	53.6	9.16	6.39	4.19	3.62	3.29	3.07	2.92	2.81	2.73	2.66	2.61	2.56	2.52	2.49	2.38	2.33	2.28	2.18	2.13	2.08
4	55.8	9.24	5.34	4.11	3.52	3.18	2.96	2.81	2.69	2.61	2.54	2.48	2.43	2.39	2.36	2.25	2.19	2.14	2.04	1.99	1.94
5	57.2	9.29	5.31	4.05	3.45	3.11	2.88	2.73	2.61	2.52	2.45	2.39	2.35	2.31	2.27	2.16	2.1	2.05	1.95	1.9	1.85
6	58.2	9.33	5.28	4.01	3.4	3.05	2.83	2.67	2.55	2.46	2.39	2.33	2.28	2.24	2.21	2.09	2.04	1.98	1.87	1.82	1.77
7	58.9	9.35	5.27	3.98	3.37	3.01	2.78	2.62	2.51	2.41	2.34	2.28	2.23	2.19	2.16	2.04	1.98	1.93	1.82	1.77	1.72
8	59.4	9.37	5.25	3.95	3.34	2.98	2.75	2.59	2.47	2.38	2.3	2.24	2.2	2.15	2.12	2	1.94	1.88	1.77	1.72	1.67
9	59.9	9.38	5.24	3.94	3.32	2.96	2.72	2.56	2.44	2.35	2.27	2.21	2.16	21.2	2.09	1.96	1.91	1.85	1.74	1.68	1.63
10	60.2	9.39	5.23	3.92	3.3	2.94	2.7	2.54	2.42	2.32	2.25	2.19	2.14	2.1	2.06	1.94	1.88	1.82	1.71	1.65	1.6
11	60.5	9.4	5.22	3.91	3.28	2.92	2.68	2.52	2.4	2.3	2.23	2.17	2.12	2.08	2.04	1.92	1.85	1.79	1.68	1.62	1.57
12	60.7	9.41	5.22	3.9	3.27	2.9	2.67	2.5	2.38	2.28	2.21	2.15	2.05	2.05	2.02	1.89	1.83	1.77	1.66	1.6	1.55
15	61.2	9.42	5.2	3.87	3.24	2.87	2.63	2.46	2.34	2.24	2.17	2.1	2.1	2.01	1.97	1.84	1.78	1.72	1.6	1.55	1.49
20	61.7	9.44	5.18	3.84	3.21	2.84	2.59	2.42	2.3	2.2	2.12	2.06	2.01	1.96	1.92	1.79	1.73	1.67	1.54	1.48	1.42
24	62	9.45	5.18	3.83	3.19	2.82	2.58	2.4	2.28	2.18	2.1	2.04	1.98	1.94	1.9	1.77	1.7	1.64	1.51	1.45	1.38
30	62.3	9.46	5.17	3.82	3.17	2.8	2.56	2.38	2.25	2.16	2.08	2.01	1.96	1.91	1.87	1.74	1.67	1.61	1.48	1.41	1.34
60	62.8	9.47	5.15	3.79	3.14	2.76	2.51	2.34	2.21	2.11	2.03	1.96	1.9	1.86	1.82	1.68	1.61	1.54	1.4	1.32	1.24
120	63.1	9.48	5.14	3.78	3.12	2.74	2.49	2.32	2.18	2.08	1.99	1.93	1.86	1.83	1.79	1.64	1.57	1.5	1.35	1.26	1.17
∞	63.3	9.49	5.13	3.76	3.11	2.72	2.47	2.29	2.16	2.06	1.97	1.9	1.85	1.8	1.76	1.61	1.53	1.46	1.29	1.19	1

	α = 0.05																				
	1	2	3	4	5	6	7	8	9	10	11	12	13	14	15	20	24	30	60	120	∞
1	161	18.5	10.1	7.71	5.61	6.99	5.59	5.32	5.12	4.96	4.84	4.75	4.67	4.6	4.54	4.35	4.26	4.17	4	3.92	3.84
2	200	19	9.55	6.94	5.79	5.14	4.74	4.46	4.26	4.1	3.98	3.89	3.81	3.74	3.68	3.49	3.4	3.32	3.15	3.07	3
3	216	19.2	9.28	6.59	5.41	4.76	4.35	4.07	3.86	3.71	3.59	3.49	3.41	3.34	3.29	3.1	3.01	2.92	2.76	2.68	2.6
4	225	19.2	9.12	6.39	5.19	4.53	4.12	3.84	3.63	3.48	3.36	3.26	3.18	3.11	3.06	2.87	2.78	2.69	2.53	2.45	2.37
5	230	19.3	9.01	6.26	5.05	4.39	3.97	3.69	3.48	3.33	3.2	3.11	3.03	2.96	2.9	2.71	2.62	2.53	2.37	2.29	2.21
6	234	19.3	8.94	6.16	4.95	4.28	3.87	3.58	3.37	3.22	3.09	3	2.92	2.85	2.79	2.6	2.51	2.42	2.25	2.18	2.1
7	237	19.4	8.89	6.09	4.88	4.21	3.79	3.5	3.29	3.14	3.01	2.91	2.83	2.76	2.71	2.51	2.42	2.33	2.17	2.09	2.01
8	239	19.4	8.85	6.04	4.82	4.15	3.73	3.44	3.23	3.07	2.95	2.85	2.77	2.7	2.64	2.45	2.36	2.27	2.1	2.02	1.94
9	241	19.4	8.81	6	4.77	4.1	3.68	3.39	3.18	3.02	2.9	2.8	2.71	2.65	2.59	2.39	2.3	2.21	2.04	1.96	1.88
10	242	19.4	8.79	5.96	4.74	4.06	3.64	3.35	3.14	2.98	2.85	2.75	2.67	2.6	2.54	2.35	2.25	2.16	1.99	1.91	1.83
11	243	19.4	8.76	5.94	4.71	4.03	3.6	3.31	3.1	2.94	2.82	2.72	2.63	2.57	2.51	2.31	2.21	2.13	1.95	1.87	1.79
12	244	19.4	8.74	5.91	4.68	4	3.57	3.28	3.07	2.91	2.79	2.69	2.53	2.53	2.48	2.28	2.18	2.09	1.92	1.83	1.79
15	246	19.4	8.7	5.85	4.62	3.04	3.51	3.22	3.01	2.84	2.72	2.62	2.6	2.46	2.4	2.2	2.11	2.01	1.84	1.75	1.67
20	248	19.4	8.66	5.8	4.56	3.87	3.44	3.15	2.94	2.77	2.65	2.54	2.46	2.39	2.33	2.12	2.03	1.93	1.75	1.66	1.57
24	249	19.5	8.64	5.77	4.53	3.84	3.41	3.12	2.9	2.74	2.61	2.51	2.42	2.35	2.29	2.08	1.98	1.89	1.7	1.61	1.52
30	250	19.5	8.62	5.75	4.5	3.81	3.38	3.08	2.86	2.7	2.57	2.47	2.38	2.31	2.25	2.04	1.94	1.84	1.65	1.55	1.46
60	252	19.5	8.57	5.69	4.43	3.74	3.3	3.01	2.79	2.62	2.49	2.38	2.3	2.22	2.16	1.95	1.84	1.74	1.53	1.43	1.32
120	253	19.5	8.55	5.66	4.4	3.7	3.27	2.97	2.75	2.58	2.43	2.34	2.23	2.18	2.11	1.9	1.79	1.68	1.47	1.35	1.22
∞	254	19.5	8.53	5.63	4.37	3.67	3.23	2.93	2.71	2.54	2.4	2.3	2.21	2.13	2.07	1.84	1.73	1.62	1.39	1.25	1

α = 0.025																				
	1	2	3	4	5	6	7	8	9	10	11	12	13	14	15	20	24	30	60	120	∞
1	648	38.5	17.4	12.2	10	8.81	8.07	7.57	7.21	6.94	6.72	6.55	6.41	6.3	6.2	5.87	5.72	5.57	5.29	5.15	5.02
2	800	39	16	10.7	8.43	7.26	6.54	6.06	5.71	5.46	5.26	5.1	4.97	4.86	4.77	4.46	4.32	4.18	3.93	3.8	3.69
3	864	39.2	15.4	9.98	7.76	6.6	5.89	5.42	5.08	4.83	4.63	4.47	4.35	4.24	4.15	3.86	3.72	3.59	3.34	3.23	3.12
4	900	39.3	15.1	9.6	7.39	6.23	5.52	5.05	4.72	4.47	4.28	4.12	4	3.89	3.8	3.51	3.38	3.25	3.01	2.89	2.79
5	922	39.3	14.9	9.36	7.15	5.99	5.29	4.82	4.48	4.24	4.04	3.89	3.77	3.66	3.58	3.29	3.15	3.03	2.79	2.67	2.57
6	937	39.3	14.7	9.2	6.98	5.82	5.12	4.65	4.32	4.07	3.88	3.73	3.6	3.5	3.41	3.13	2.99	2.87	2.63	2.52	2.41
7	948	39.4	14.6	9.07	6.85	5.7	4.99	4.53	4.2	3.95	3.76	3.61	3.48	3.36	3.29	3.01	2.87	2.75	2.51	2.39	2.29
8	957	39.4	14.5	8.98	6.76	5.6	4.9	4.43	4.1	3.85	3.66	3.51	3.39	3.29	3.2	2.91	2.78	2.65	2.41	2.3	2.19
9	963	39.4	14.5	8.9	6.68	5.52	4.82	4.36	4.03	3.78	3.59	3.44	3.31	3.26	3.12	2.84	2.7	2.57	2.33	2.22	2.11
10	969	39.4	14.4	8.84	6.62	5.46	4.76	4.3	3.96	3.72	3.53	3.37	3.25	3.15	3.06	2.77	2.64	2.51	2.27	2.16	2.05
11	973	39.4	14.4	8.8	6.57	5.41	4.71	4.25	3.91	3.67	3.48	3.32	3.2	3.1	3.01	2.72	2.59	2.46	2.22	2.11	2
12	977	39.4	14.3	8.75	6.52	5.27	4.67	4.2	3.87	3.62	3.43	3.28	3.05	3.05	2.96	2.68	2.54	2.41	2.17	2.05	1.94
15	985	39.4	14.3	8.66	6.43	5.27	4.57	4.1	3.77	3.52	3.33	3.18	3.15	2.95	2.86	2.57	2.44	2.31	2.06	1.94	1.83
20	993	39.5	14.2	8.56	6.33	5.17	4.47	4	3.67	3.42	3.23	3.07	2.95	2.84	2.76	2.46	2.33	2.2	1.94	1.82	1.71
24	997	39.5	14.1	8.51	6.28	5.12	4.42	3.95	3.61	3.37	3.17	3.02	2.89	2.79	2.7	2.41	2.27	2.14	1.88	1.76	1.64
30	1,001	39.5	14.1	8.46	6.23	5.07	4.36	3.89	3.56	3.31	3.12	2.96	2.84	2.73	2.64	2.35	2.21	2.07	1.82	1.69	1.57
60	1,010	39.5	14	8.36	6.12	4.96	4.25	3.78	3.45	3.2	3	2.85	2.72	2.61	2.52	2.22	2.08	1.94	1.67	1.53	1.39
120	1,014	39.5	14	8.31	6.07	4.9	4.2	3.73	3.39	3.14	2.94	2.79	2.66	2.55	2.46	2.16	2.01	1.87	1.58	1.43	1.27
∞	1,018	39.5	13.9	8.26	6.02	4.85	4.14	3.67	3.33	3.08	2.88	2.72	2.6	2.49	2.4	2.09	1.94	1.79	1.48	1.31	1

α = 0.01

	1	2	3	4	5	6	7	8	9	10	11	12	13	14	15	20	24	30	60	120	∞
1	4,052	88.5	34.1	21.2	16.3	13.7	12.2	11.3	10.6	10	9.65	9.33	9.07	8.86	8.68	8.1	7.82	7.56	7.08	7.08	6.63
2	5,000	99	30.8	18	13.3	10.9	9.55	8.65	8.02	7.66	7.21	6.93	6.7	6.51	6.36	5.85	5.61	5.39	4.98	4.98	4.61
3	5,403	99.2	29.5	16.7	12.1	9.78	8.45	7.59	6.99	6.55	6.22	5.95	5.74	5.56	5.42	4.94	4.72	4.51	4.13	4.13	3.78
4	5,625	99.2	28.7	16	11.4	9.15	7.85	7.01	6.42	5.99	5.67	5.41	5.21	5.04	4.89	4.43	4.22	4.02	3.65	3.65	3.32
5	5,764	99.3	28.2	15.5	11	8.75	7.46	6.63	6.06	5.64	5.32	5.06	4.86	4.69	4.56	4.1	3.9	3.7	3.34	3.34	3.02
6	5,859	99.3	27.9	15.2	10.7	8.47	7.19	6.37	5.8	5.39	5.07	4.82	4.62	4.46	4.32	3.87	3.67	3.47	3.12	3.12	2.8
7	5,928	99.4	27.7	15	10.5	8.26	6.99	6.18	5.61	5.2	4.89	4.64	4.44	4.28	4.14	3.7	3.5	3.3	2.95	2.95	2.64
8	5,981	99.4	27.5	14.8	10.3	8.1	6.84	6.03	5.47	5.06	4.74	4.5	4.3	4.14	4	3.56	3.36	3.17	2.82	2.82	2.51
9	6,022	99.4	27.3	14.7	10.2	7.98	6.72	5.91	5.35	4.94	4.63	4.39	4.19	4.03	3.89	3.46	3.26	3.07	2.72	2.72	2.41
10	6,056	99.4	27.2	14.5	10.1	7.87	6.62	5.81	5.26	4.85	4.54	4.3	4.1	3.94	3.8	3.37	3.17	2.98	2.63	2.47	2.32
11	6,082	99.4	27.1	14.4	9.96	7.79	6.54	5.73	5.18	4.77	4.46	4.22	4.02	3.86	3.73	3.29	3.09	2.91	2.56	2.4	2.25
12	6,106	99.4	27.1	14.4	9.89	7.72	6.47	5.67	5.11	4.71	4.4	4.16	3.82	3.38	3.67	3.23	3.03	2.84	2.5	2.34	2.18
15	6,157	99.4	26.9	14.2	9.72	7.56	6.31	5.52	4.96	4.56	4.25	4.01	3.96	3.66	3.52	3.09	2.89	2.7	2.35	2.19	2.04
20	6,209	99.4	26.7	14	9.55	7.4	6.16	5.36	4.81	4.41	4.1	3.86	3.66	3.51	3.37	2.94	2.74	2.55	2.2	2.03	1.88
24	6,235	99.5	26.6	13.9	9.47	7.31	6.07	5.28	4.73	4.33	4.02	3.78	3.59	3.43	3.29	2.86	2.66	2.47	2.12	1.95	1.79
30	6,261	99.5	26.5	13.8	9.38	7.23	5.99	5.2	4.65	4.25	3.94	3.7	3.51	3.35	3.21	2.78	2.58	2.39	2.03	1.86	1.7
60	6,313	99.5	26.3	13.7	9.2	7.06	5.82	5.03	4.48	4.08	3.78	3.54	3.34	3.18	3.05	2.61	2.4	2.21	1.84	1.66	1.47
120	6,339	99.5	26.2	13.6	9.11	6.97	5.74	4.95	4.4	4	3.66	3.45	3.22	3.09	2.96	2.52	2.31	2.11	1.73	1.53	1.32
∞	6,366	99.5	26.1	13.5	9.02	6.88	5.65	4.86	4.31	3.91	3.6	3.36	3.17	3	2.87	2.42	2.21	2.01	1.6	1.38	4,052

찾아보기

저자 약력

원 제 무

약 력

한양공대 토목공학과 졸업
미국 UCLA대학원(도시공학 석사)
미국 MIT대학원(도시공학 박사)
KAIST 교통계획 실장
서울시정개발연구원 도시교통연구부장
서울시립대학교 도시공학과 교수
대한국토도시계획학회 회장
한양대학교 도시대학원 원장 및 교수

저 서

교통공학(공저, 박영사, 1999)
도시교통론(박영사, 1999)
도시정책론(박영사, 2000)
알기쉬운 도시교통(박영사, 2002)
도시시설론(보성각, 2003)
프로젝트 계획·투자·파이낸싱(박영사, 2008)
外

이 수 일

약 력

한양대학교 교통공학과 졸업
한양대학교 도시대학원 도시학 석사
한양대학교 도시공학과 공학박사
한양대학교 공학대학원 SOC 통계분석 강사
건설교통부 건설핵심연구개발사업 '친환경 지능형 도로 설계기술 개발 선임연구원'
한양대학교 교통시스템공학과 확률통계론 강사
한양대학교 도시대학원 겸임교수
서울시립대학교 교통공학과 연구교수
한국교통연구원 post-doc 연구원
인텔리전트 솔루션즈 기술연구소 연구소장

저 서

Excel을 이용한 도시계량분석
(공저, 박영사, 2000)

특 허

교차로 앞 막힘 통제시스템
제0548776호(특허청, 2006)
버스승차 정보시스템 및 방법
제0762316호(특허청, 2007)

SPSS를 활용한 그림으로 쉽게 배우는 통계분석

2007년 4월 20일 초판발행
2017년 2월 10일 중판발행

저 자 원제무·이수일
발행인 안 종 만
발행처 (주)박영사
서울특별시 종로구 새문안로3길 36, 1601
전화 (733)6771 FAX (736)4818
등록 1959. 3. 11. 제300-1959-1호(倫)

www.pybook.co.kr e-mail: pys@pybook.co.kr

정 가 20,000원 ISBN 978-89-7189-600-6